"十三五"职业教育国家规划

职业教育工业分析技术专业教学资源库（国家级）配套教材

分析样品制备技术

高军林　主　编

朱屋彪　　杨秋菊　　副主编

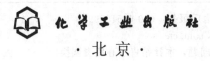

化学工业出版社

·北京·

内容提要

分析样品制备技术是指在分析测试中对分析样品的采集、处理、分离等制备全过程。本书对样品采集、前处理和分离方法作了比较系统的讲述，共分三部分，主要内容有样品采集技术、样品前处理技术和样品的分离技术。详细地介绍了各类样品采集方法，以及无机样品和有机样品分解和分离方法，并从无机物与有机物、传统方法与新技术、样品的类型与测试手段等方面系统地阐述了化学分析测试中样品的采集、样品的前处理与分离技术，较详细地讨论了多种情况下样品处理的特点，样品处理的损失、沾污以及分析操作和标样制备的有关问题。

《分析样品制备技术》是职业教育工业分析技术专业教学资源库（国家级）配套教材，可配套国家资源库进行线上教学，其中通过资源库可使用本教材海量配套教学视频、教学图片、动画等教学相关资料。

本书可作为高职高专工业分析、食品检测、岩矿分析与鉴定、环境监测与控制、室内环境监测与控制、建筑材料监测、纺织品检验等专业教材；也可作为广大分析测试工作者的参考资料。

图书在版编目（CIP）数据

分析样品制备技术/高军林主编.—北京：化学工业出版社，2018.12（2022.9重印）

职业教育工业分析技术专业教学资源库（国家级）配套教材

ISBN 978-7-122-33263-9

Ⅰ.①分… Ⅱ.①高… Ⅲ.①分析化学-试样制备-职业教育-教材 Ⅳ.①O652.4

中国版本图书馆 CIP 数据核字（2018）第 252522 号

责任编辑：蔡洪伟 刘心怡　　　　　　　　　　　　文字编辑：陈 雨
责任校对：宋 夏　　　　　　　　　　　　　　　　装帧设计：王晓宇

出版发行：化学工业出版社（北京市东城区青年湖南街 13 号　邮政编码 100011）
印　　装：北京科印技术咨询服务有限公司数码印刷分部
787mm×1092mm　1/16　印张 11½　字数 304 千字　2022 年 9 月北京第 1 版第 3 次印刷

购书咨询：010-64518888　售后服务：010-64518899
网　　址：http://www.cip.com.cn
凡购买本书，如有缺损质量问题，本社销售中心负责调换。

定　　价：38.00 元

前言

　　《分析样品制备技术》是职业教育工业分析技术专业教学资源库（国家级）配套教材，主要内容包括分析测试中对分析样品的采集、前处理、分离等的制备全过程。课程的开发，基于两个原因：一是基于分析样品复杂性，绝大多数样品，特别是环境类和食品类样品，不能直接进行测定，需要进行一系列复杂前处理过程，才能上机测定；二是基于对分析精确性要求提高，特别是微量或痕量分析的发展，越来越多微量或痕量成分，由于各种干扰组分的存在，无法直接分析测试，必须通过前处理和分离过程，将被测组分加以分离或富集，才能上机测定。所以说分析样品采集与前处理成为分析测试过程中重要一环。据专家测算，样品前处理在分析测试中占的费用与时间高达61%，此外随着样品复杂化和多样化及分析精度要求提高，造成样品前处理耗时费力、引入污染多、劳动强度大等问题，成为分析检验工作的难题，因此，样品采集与前处理逐渐成为分析测试过程中最基础也是最关键的步骤，并逐渐出现分离细化"采样岗""前处理岗"等工作岗位。本教材就是针对这两个新出现的岗位而开发的，所以中山职业技术学院在2010年在全国工业分析技术专业率先开发了这门课程，使这门课程成为工业分析技术专业的一门核心课程。

　　在教材的编写与开发过程中，进行大量调研与论证，并查阅了大量资料，基于工作岗位和工作过程任务进行设计，在每一项目引导部分与总结部分都是基于工作过程任务来设计。同时突出引领学生树立"标准"意识，在各类仪器操作、检测项目的编写中，都列出参照的标准与规范体系，并在课后引导学生查找相关标准。在课程内容设计上，根据高职特点，兼顾中职对应课程衔接，主要突出最新样品采集和前处理实用技术，形成目前的三大模块（样品采样技术、样品前处理技术、样品的分离技术）技能知识结构框架。

　　本教材主要作为学生理论学习的参考资料，在实际教学组织中，可配套国家资源库进行线上教学，其中通过资源库可使用本教材海量配套教学视频、教学图片、动画等教学相关资料。通过本课程的学习，一方面掌握分析样品制备技术的原理；另一方面熟悉现代分析样品采集、前处理和分离技术。

　　本教材由中山职业技术学院高军林主编，中山职业技术学院朱屋彪、杨秋菊任副主编。全书由四个项目组成，其中项目一由朱屋彪编写，项目二由杨秋菊编写，项目三、四及其他部分由高军林编写，此外，中山出入境检验检疫局李蓉协助编写项目三及附录，中山职业技术学院侯勇参加实训项目编写。全书由高军林统稿。

　　由于编者水平有限，加之时间仓促和水平条件所限，书中难免有疏漏之处，敬请同行专家和读者批评指正。

高军林

2018 年 11 月 20 日

目录

绪言

分析测试涉及各行各业，各学科的发展大都离不开分析测试。分析测试的样品来自各个方面，组成和结构也各不相同，复杂程度可想而知。分析样品的复杂性要求样品在分析测试前必须进行前处理。随着科学技术的不断发展和学科间的交叉，许多新的前处理方法和分离技术相继出现，为我们选择前处理及分离方法创造了良好的条件。对一项分析任务而言，分析方法一旦确立，就要采用对应的样品前处理方法，使处理后的样品不含或少含干扰组分。前处理方法的合适与否，不但关系到处理的成本，处理的环境和处理的烦琐程度，也关系到样品前处理的速度和质量，从而决定了分析测试的速度和准确度。

分析样品制备技术是指分析测试过程样品的采集与制备过程技术。其中样品制备又称样品前处理（sample pretreating），是对样品中待测组分进行提取、净化、浓缩的过程。样品前处理的目的是消除基质的干扰，保护仪器，提高方法的准确度、精密度、选择性和灵敏度。

分析样品制备技术在分析测试过程中具有普遍性和重要性，在分析测试过程中占据举足轻重的地位。在专业的分析检测机构中逐步形成一种单独岗位"前处理岗"。特别在食品、环境样品的前处理过程中，除了采样外，主要过程就是指提取和净化等前处理步骤。特别是目前样品的特点是基质复杂，目标化合物检测限量日趋严格，以至于样品的采集与制备工作也日趋复杂和多样。有数据表明：完成一个实验，70%～80%甚至更多时间用在样品的前处理上；给实验带来的误差有60%以上出自样品的前处理。所以说样品前处理逐步成为食品分析关键环节，并成为现代分析方法发展的制约因素，也越来越引起人们的重视。

样品采集与制备的基本要求是样品具有"代表性"，因为样品直接影响检测结果的准确性和可靠性、有效性。样品制备过程中，必须小心处理，防止待测组分发生变化、污染和降解，否则会导致数据的错误和无效。现代科学技术的迅猛发展推动了现代分析仪器的发展。分析仪器灵敏度的提高及分析对象基体的复杂化，对样品的前处理提出了更高的要求。

随着样品前处理技术发展需要，分离技术的理论和技术也在样品前处理技术中得到运用与发展，并取得了很大的进展，形成了一门独立的学科——分离科学。分离科学所包含的各种分离方法，按所依据的性质可以分为物理分离法和化学分离法两大类。物理分离法是依据被分离对象所具有的某些物理性质的差异所建立的分离方法，如离心分离法、电磁分离法、质谱分离法、气体扩散法、热扩散法等。化学分离法则是依据被分离对象所具有的某些化学或物理化学性质的差异所建立的分离方法，如沉淀法、共沉淀法、溶剂萃取法、离子交换法、色谱分离法、蒸馏挥发法、气泡浮选法以及各种电化学分离法等。

目前，现代分析方法中样品前处理技术的发展趋势是速度快、批量大、自动化程度高、成本低、劳动强度低、试剂消耗少、利于人员健康和环境保护、方法准确可靠，这也是评价样品前处理方法的准则。

项目一
样品的采集与制备

 项目引导

    分析试样的采集和制备（图1-1），在样品分析过程中是十分重要的。本章主要介绍固体、液体、气体样品的采样，主要包括采样要求、采样的代表性、采样的质量、采样设计、采样点的布置、采样方法、研究前试样的加工和制备方法。

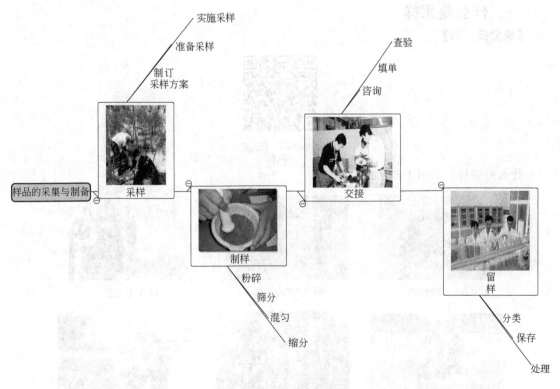

图 1-1　样品的采集与制备

💡 **想一想**

若你到检测公司上班，你的第一岗位就是采样岗，你了解样品采集的基本要求是什么吗？

任务一 认识样品采集

💡 **任务要求**

1. 了解采样技术的特点、方法和过程；
2. 了解样品抽样的概念，能够根据样品特点和测试项目要求制订采样方案；
3. 掌握样品采集的相关要求、设计和方法，会根据采样方案，正确使用采样工具，正确选择样品采集的器皿；
4. 掌握样品采集安全防护知识，能做好样品采集安全防护；
5. 能准确使用采样方法进行采样；
6. 能在采样过程中进行现场采样记录。

样品的分析与科学试验研究是离不开试样的采集和制备加工的。从待测的原始物料中取得分析试样的过程叫采样。采样的目的是采集能代表原始物料平均组成（即有代表性）的分析试样。若分析试样不能代表原始物料的平均组成，即使后面的分析操作很准确也是徒劳，其分析结果是毫无意义的。因此，用科学的方法采样是分析工作者一项十分重要的工作。

一、什么是采样

【课堂扫一扫】

二维码1-1 什么是
采样

什么是采样？如图1-2所示。

(a) 土壤的采集

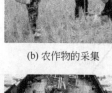
(b) 农作物的采集

(c) 矿石的采集

(d) 水样的采集

(e) 水产品的采样

(f) 口岸食品采样

图1-2 各类样品采集

采样是从待测的原始物料中取得具有代表性的分析试样的过程。其中待测的原始物料称为研究对象，研究对象的全体称为样品的总体。从总体中采集出一个或几个一定量的物料称为样品。在总体多个采样点中单个采样点采集的规定量的物料称为子样，从原始物料直接采集出的样品称为原始样品，各个子样合并所有采集的样品称为原始平均样品，为送往实验室供检测或测试而制备的样品称为实验样品，如图 1-3 所示。

图 1-3　不同阶段样品名称

二、采样有什么要求

【课堂扫一扫】

二维码1-2　采样有
什么要求

采样工作的根本要求是试样具有代表性。若试样代表性不足，试验结果就不能反映所测试对象的真实性。在数量上，则要求所采集的试样既能充分满足试验要求又不至于因盲目求多采而加大采样工程量。

1. 试样的代表性

试样的代表性是指试样的性质应与所测试对象基本一致，具体包括：

① 试样中主要化学组成的平均含量和含量变化特征与所测试对象基本一致。在采样时，既要使试样中主要化学组分的平均含量符合规定，又要注意使所采试样的组成能反映所测试对象中组分含量的变化特征。

② 试样中主要组分的存在状态，如矿物组成、结构构造、分布特性等与所测试对象应基本保持一致。同样这方面不仅应注意其平均指标，而且要反映其变化特征。

③ 试样的理化特性与所研究的矿体基本一致，如矿石的硬度、碎散程度、含砂量等。

2. 试样（量）足够性

样品采集质量要保证试验和留样足量够用。材料工程试验研究所用试样的质量，主要与粒度、试验方法以及试验工作量等有关，而试验工作量则取决于矿石原料性质的复杂程度和研究人员的经验、水平。

实验室试验或中间试验用试样量可根据试验延续时间估算。试验延续时间则与试验方案及其复杂程度有关。工业试验用试样量同样取决于试验规模和延续时间，试验延续时间随试验任务的不同而差别很大，没有统一的规定。

对于硅酸盐工程试验，单一原料性能测试，所用试样量为几千克到几十千克。陶瓷的坯料、釉料性能测试，一般坯料要多于釉料量。

3. 样品采集时效性

对于一些突发紧急事件，要快速采样、快速分析；对于易变质物料，如食品、生物样品，也需要快速采样。快速采样可以对重大活动的食品安全卫生提供保障，为食物中毒患者及时提供救治依据，因此采样的时间和现场监测结果非常重要。

4. 样品采集针对性

采样具有特定监测目的时，样品采集要针对性地采集有问题的典型样品，而不能用均匀的样品代表，这样才能有针对性地监测典型样品。如对疑似污染食品监测，应采集接近污染源的食品或污染部分，同时还应采集确实未被污染的同种食品样品以做空白对照试验。所以采样的方法必须与分析目的保持一致。

三、怎样设计采样方案

【课堂扫一扫】

二维码1-3(a)　采样
方案设计上　　　　二维码1-3(b)　采样
方案设计下

采样方案的设计是选择和布置采样点进行配料计算，并据此分配采样的采样量。

1. 什么叫"采样点"

在地质勘探工作中，为了查明矿石的化学组分的品位，并据此计算有用组分的储量，常需系统地采集化学分析试样。为了反映矿石的品位变化，要将所取试样分为许多小的区段，每一个小的区段组成一个化学分析单样，或简称为"样品"，每一个样品的化验结果即代表该区段矿石各组分的品位，因而每一个样品所代表的区段即可看作一个采样点。所以说采样点就是采样具体地点的位置。

2. 采样点的布置

采样点的布置，应该结合采样对象状态、环境条件，根据对试样代表性的要求确定。

采集有代表性的实验室样品时，应根据物料的堆放情况及颗粒大小，从不同部位和深度选取多个采样点，采集一定量的样品，混合均匀。采集的份数越多越有代表性。但是采样量过大，会给后面的制样带来麻烦。

对于土壤、岩矿的样品采集，采样点应大致均匀地分布在土壤、矿体各部位，不能过于集中。根据国家或行业标准要求，按专门布点方法进行布点。

3. 采样量确定

采样时样品质量是根据样品的状态与数量以及测试方法来确定的。固体试样的种类繁多，有土壤、矿石、合金和化学产品等。为了使所采集的试样具有代表性，在取样时，应根据试样堆放情况和颗粒的大小，从不同的部位和深度选取多个取样点。关于采样的量，人们给出了如下的经验公式：

$$Q \geqslant Kd^\alpha \tag{1-1}$$

式中，Q 为采集试样的最低质量，kg；d 为试样最大颗粒的直径，mm；K 和 α 是由实验确定的经验常数，它们与被检验物料的品种和数量有关。一般 K 在 0.02～1 之间；α 通常为 1.8～2.5 之间，通常地质部门选用 $\alpha = 2$。由上式可知，试样的颗粒越大，则其采集量也越多。

例如，若某矿石试样的最大颗粒直径为 10mm，取 K 为 0.2，则应采集试样的最低量为：

$$Q = 0.2 \times 10^2 = 20 (\text{kg})$$

显然，按上述方法采集的试样其量甚大且不均匀，需要通过多次的粉碎、过筛、混匀和缩分等步骤（详见任务三　固体样品的采集与制备），才能制得少量均匀而有代表性的分析试样。

4. 抽样方案的设计

对于包装（袋、盒、瓶、桶）成品的样品采集，首先要进行抽样，确定抽样单元数和抽样单元的位置。

抽样方式一般可分为随机抽样、系统抽样、指定代表性抽样三种。选用何种抽样方式取决于对被测对象的了解程度。

当对被测对象了解甚少时，应采取随机抽样方式，而且抽样单元数要尽可能多些；若已基本了解被测对象随空间与时间的变化规律，可采用系统抽样方式，这时抽样单元数目明显比随机抽样要少；当已经知道被测物质的均匀性良好，可抽取少数的指定代表性样品。

(1) 抽样单元数的确定　在满足需要的前提下，样品数和样品量越少越好。

① 对于总体物料的单元数小于 500 的，可按表 1-1 来确定采样单元数。

表 1-1　采样单元数的选取

总体物料的单元数	选取的最少单元数	总体物料的单元数	选取的最少单元数
1～10	全部单元		
11～49	11	182～216	18
50～64	12	217～254	19
65～81	13	255～296	20
82～101	14	297～343	21
102～125	15	344～394	22
126～151	16	395～450	23
152～181	17	451～512	24

② 对于总体物料的单元数大于 500 的，采样单元数可按总体单元数立方根的三倍来确定，见式 (1-2)：

$$n = 3 \sqrt[3]{N} \tag{1-2}$$

式中　n——采样单元数；

N——物料总体单元数。

【例 1-1】　有一批工业物料，其总体单元数为 538 桶，则采样单元数应为多少？

解：

$$n = 3 \sqrt[3]{N}$$

$$n = 3 \times \sqrt[3]{538} = 24.4 (\text{桶})$$

将 24.4 进为 25，即应选取 25 桶。

（2）抽样单元位置的确定　抽样单元位置的确定是在确定抽取样品单元数后，对一批样品抽取生产编号（或产品编号）。根据国家或行业产品标准规定，抽取产品编号是随机抽取。但要注意随机不等于随便，主要有三种随机抽取方法：利用随机数骰子确定抽样单元的位置；利用随机数表确定抽样单元的位置；利用电子随机数抽样器确定抽样单元的位置。

四、采样应注意什么事项

【课堂扫一扫】

二维码1-4　采样
注意事项

在了解被采物料的所有信息及采样目的和要求之后，分析工作者必须制订好采样方案，然后开始准备采样，在采样时要注意下列事项：

1. 采样工具的准备

在采样之前首先要准备好采样工具，不同环境与物料所需采样工具也不同，对于具有特别要求、特别采样部位，需要特殊的专用采样工具，这将在下面内容详述。

2. 样品贮存容器的选择

盛样品的容器应符合下列要求：具有符合要求的盖、塞或阀门，且密封；使用前必须洗净、干燥；材质必须不与样品物质起化学作用且不能有渗透性；对光敏性物料，盛样容器应是不透光的。

3. 采样记录表制订

采样记录包括以下内容：①样品名称及样品编号；②分析项目名称；③总体物料批号及数量；④生产单位；⑤采样点及其编号；⑥样品量；⑦气象条件；⑧采样日期；⑨保留日期；⑩采样人姓名。

五、现场采样安全防护

在现场采样时要注意采样安全防护，主要考虑采样环境与采样样品两方面安全因素。其中采样环境要有出入安全通道，符合要求的照明、通风条件；采集样品时注意高温、高压物料采样的安全和有毒有害物料采样的安全，如图 1-4 所示。

1. 高温、高压物料采样的安全

高温物料采样主要是防止灼伤人体，尤其要防止溅伤眼睛。对于很热的物质，必须遮挡，防止对面部和颈部产生热辐射，也要防止对眼睛产生热辐射。应戴上不易吸收被处理物质的手套以防止溅到手上。要系好围裙，靴子必须结实，并有适当的保护措施，防止溅出的物质进入靴内。

高压物料采样由于要避免物质的压力高而造成危险应增加预防措施，采集高压气体时一般需安装减压阀，即在采样导管和采样器之间安装一个合适的安全或放空装置，将气体的压力降至略高于大气压后，再连接采样器，采集一定体积的气体。对于高压液体，可采用专用设备进行采样，或将压力降至大气压以下或在系统压力下完成采样。

2. 有毒有害物料采样的安全

若对毒物进行采样，采样人应做好个人防护，例如佩戴防护眼镜、防毒面具，穿防

(a) 化肥生产现场安全取样

(b) 气体取样安全作业

(c) 有毒有害物料采样

图 1-4 采样安全防护

护服，并且现场必须有监护人，采样者一旦感到不适时，应立即向主管人报告。样品应防止受热或震荡。样品容器必须装在专门设计的动载工具中方可运输，该运载工具能保证样品容器发生破裂和泄漏时不致造成样品外漏。任何泄漏都应报告，以便及时采取措施处理。

禁止在毒物附近吸烟或饮食。禁止使用无防护的灯及可能发生火花的设备，严禁烤火（明火）。必须戴上防护眼镜和穿上防护服。必须知道报警系统和灭火设备的位置。当存在引起呼吸中毒的毒物时，要提供劳动保护，可使用通入新鲜空气的面罩或用装有适当吸附剂的防毒面具。

想一想

若你到检测公司上班，你的第一岗位就是采样岗，公司派你到某一河流采集水样，你要准备什么工具？到现场怎样采集？采集到的水样怎样保存？这一系列问题你知道吗？

任务二 液体样品的采集与制备

任务要求

1. 了解液体样品的分类、特点；
2. 掌握液体样品采样技术的要求、方法和步骤；

3.能够根据液体样品的特点和测试项目要求制订采样方案；

4.会根据采样方案，正确使用采样工具，正确选择样品采集的器皿；

5.能在采样过程中进行现场采样记录；

6.能根据测试要求对液体样品进行制备。

一、液体物料有哪几类

1.液体物料的分类

液体样品种类繁多，状态各异，按常温时的状态可分为：流动态的液体（如油品、水）；半流体态液体（如涂料、牛奶）。

2.液体物料采集的特点

液体物料具有流动性，组成比较均匀，易采得均匀样品。静态液体物料受沉降因素、自身挥发因素、环境温度因素影响而存在差异性。液体物料按不同部位分为表面样品、中部样品、底部样品（或称上、中、下部样品），如图1-5所示。

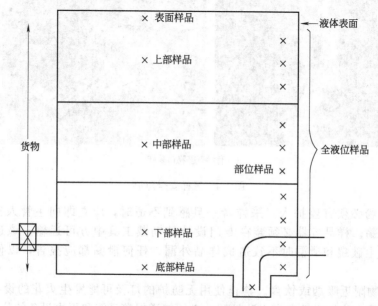

图1-5 不同部位液体样品

3.液体样品的采样要求

（1）采集液态物料应根据检验目的，制订采样方案，确定采样单元后，根据具体的情况确定采集的子样数目和子样质量，然后按照有关规定在采样点、采样口或容器中采集需要的试样。

（2）观察液体包装及类型，判断其均匀性。液体产品一般是在容器中贮存和运输，注意包装容器不得受损、腐蚀、渗漏，并核对标志；观察容器内物料的颜色、黏度是否正常；表面或底部是否有分层、沉淀、结块等现象；判断物料的类型和均匀性。

（3）对于挥发性液态物质（如烃类）样品的采集，不宜使用塑料容器和气密性差的容器。对化学性质活泼的易挥发、氧化、腐蚀或易燃易爆的物料，也必须采取规范有效的措施运输和贮存。

（4）防止样品被污染　容器必须清洁、干燥、严密，采样设备必须清洁、干燥且不能用与被采集物料起化学作用的材料制造，采样过程中应防止物料受到环境污染和变质。

二、怎样采集与制备液体样品

【课堂扫一扫】

二维码1-5　液体
样品的采集方法

液体化工产品的采样可根据其常温下的物理状态分为两大类：流动态液体、半流体态液体。首先介绍常温下为流动态的液体样品采集。

（一）常温下为流动态的液体样品采集

对于常温下为流动态的液体根据包装分为四种：件装容器中液体、贮罐中液体、槽车或船舱中液体和管道输送中液体。

1. 从件装容器采样

件装容器有小瓶装产品、大瓶装产品、小桶装产品、大桶装产品，如图 1-6 所示。不同件装容器液体产品采样方法如表 1-2 所示。

图 1-6　液体件装容器

表 1-2　不同件装容器液体产品采样方法

容器	体积	采样工具	采样方法	注意事项
小瓶容器	25~500mL	直接倒出	摇匀后直接倒出	对于件装容器液体试样，采样单元数与采样位置可参照"抽样方案设计"的相关内容
大瓶容器	1~10L	直接倒出	摇匀后直接倒出	
小桶容器	约19L	采样管	人工搅拌后用采样管导出	
大桶容器	约200L	开口采样管	可以用采样管直接采集不同部位样品，也可以滚动或搅拌均匀后直接采得混合平均样品	

2. 从贮罐中采样

装在贮槽里的液体物料，可在贮槽的不同高度处分别采集，使之混合均匀后即可作分析试样。对于分装在小容器里的液体物料，应从每个容器里采集，混匀后作分析试样用。

① 从固定采样口采样　立式圆柱形贮罐采样部位和比例见表1-3。

表1-3　立式圆柱形贮罐采样部位和比例

采样时液面情况	比例		
	上	中	下
满罐时	1/3	1/3	1/3
液面未达到上采样口，但更接近上采样口	0	2/3	1/3
液面未达到上采样口，但更接近中采样口	0	1/3	2/3
液面低于中采样口	0	0	1

② 从顶部进口采样　把采样瓶或采样罐从顶部进口放入，降到所需位置，分别采上、中、下部位样品，等体积混合成平均样品或称全液位样品，也可用长金属采样管采取各部位样品或全液位样品。立罐顶部进口采样见图1-7。立罐自动采样装置见图1-8。

图1-7　立罐顶部进口采样

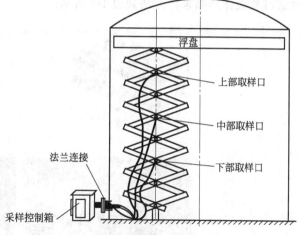

图1-8　立罐自动采样装置

3. 从槽车或船舱中采样

① 从排料口采样　在顶部无法采样而物料又较为均匀时，可用采样瓶在槽车的排料口采样。

图1-9　槽车

② 从顶部进口采样　用采样瓶、采样罐或金属采样管从顶部进口放入槽车（图1-9）内，放到所需位置采上、中、下部位样品并按一定比例混合成平均样品。

4. 从输送液体管道中采样

① 从管道出口端采样　周期性地在管道出口端放置一个样品容器，容器上放支漏斗以防外溢。采样时间间隔和流速成反比，混合体积和流速成正比。

② 探头采样　如管道直径较大，可在管内装

一个合适的采样探头。探头应尽量减小分层效应和被采液体中较重组分下沉。

5. 液体样品的制备

对于液体样品制备，主要对液体物料样品进行混匀。如被采容器内物料已混合均匀，采集混合样品作为代表性样品。如被采容器内物料未混合均匀，可采取各部位样品按一定比例混合成平均样品作为代表性样品。

液体物料样品，根据测试要求，常常需要加水或脱水。加水主要对样品进行稀释；而脱水是对样品进行干燥。液体有机物的干燥操作一般在干燥的锥形瓶中进行。按照条件选定适量的干燥剂（一般每毫升液体约需 0.5～1g 干燥剂，如表 1-4 所示）投入液体中，塞紧（用金属钠干燥剂时例外，此时塞中应插入一无水氯化钙管，使氢气放空而水汽不致进入），振荡片刻，静置，使所有的水分全被吸去。然后过滤，进行蒸馏精制。为了达到较好的干燥效果，使用干燥剂前应尽量将有机物中的水层分离干净，必要时先使用吸水容量大的干燥剂，过滤后再用干燥效能强的干燥剂。若出现干燥剂附着器壁或相互黏结时，则说明干燥剂用量不够，应再添加干燥剂。干燥后的液体应该是澄清的，而干燥前的液体多呈浑浊状，由浑浊变为澄清可作为判断干燥的简单标志。

表 1-4 各类液体有机物的常用干燥剂

液态有机物	适用的干燥剂
醚类、烷烃、芳烃	$CaCl_2$、Na、P_2O_5
醇类	K_2CO_3、$MgSO_4$、Na_2SO_4、CaO
醛类	$MgSO_4$、Na_2SO_4
酸类	$MgSO_4$、Na_2SO_4、K_2CO_3
酯类	$MgSO_4$、Na_2SO_4
卤代烃	$MgSO_4$、Na_2SO_4、K_2CO_3
有机碱类（胺类）	$NaOH$、KOH

（二）半流（固）体样品的采样

半流固体样品（黏稠状，如稀奶油、动物油脂、果酱、涂料等，如图 1-10 所示）不易充分混匀，建议在生产厂的交货容器灌装过程中采样。当必须从包装件容器中采样时，应按有关标准中规定的抽样方法进行随机抽样，然后启开包装，进行采样。

图 1-10 半固体样品（奶油、果酱）

1. 在生产厂的最终包装容器中采样

如果产品外观上均匀，则用采样管、虹吸管、勺或其他适宜的采样器从容器的各个部位采样。

2. 在生产厂的产品装桶时采样

在产品分装到最终包装容器的过程中，按一定的时间间隔从放料口采得相同数量的样品混合成平均样品。

3. 在交货容器中采样

在产品包装前进行采样，通常产品是以大容器存放，采样前先检查容器的状况，然后根据容器容积大小，观察产品均匀程度，也可通过机械搅拌达到均匀状态，然后用合适的采样器从容器上、中、下三层分别取样、混匀，分取缩减到所需数量的样品。

三、怎样采集水样

【课堂扫一扫】

二维码1-6(a)　水样的采集(上)　　　　　　二维码1-6(b)　水样的采集(下)

1. 水样种类

水是地球上最常见的物质，它与人类生活、生产息息相关，水样的采集主要有下列情况（图1-11）：①从自来水或有抽水设备的井水中取样；②从井水、泉水中采样；③从河水、湖水中采样；④生活污水的采样；⑤工业废水的采样；⑥自然降水的采样。

采集水样必须按照测试的要求进行。由于各种水体，例如工业污水、生活污水等，排放量不尽一致，如河水（河水流动性大，某些地区受季节和潮汐的影响较大）和湖水（出入口水系复杂）等，情况多有差异，故采样的采样点、采样时间和采样频率等也不尽相同，具体可参考 HJ 494—2009《水质采样技术指导》。

2. 采样点的设定

对于河水，必须在近汇合点的各支流布点，以分别采集主流和各支流的水样。如发现河道两旁有工厂和工业污水排放口等情况，则要在排放口及其上游和下游各采集一些水样，且必须在同一面上设立几个采水点同时采集。

在涨潮区域采样时，要遵循逆流向上的原则。否则有可能出现跟着潮头走，始终采集同一水样的现象。

工业废水的采集方法由生产工艺过程而定，可以在排放前的集中池采样。如为了了解污水排放后在流动过程的稀释和其中某些污染物的迁移情况，也可跟踪设采样点。如废水的水质很不稳定，则应每隔数分钟取样一次；如水质很稳定，则每隔 1～2h 取样一次。

3. 采集方法和器皿

采集水样时，应根据具体情况，采用不同的方法。

当采集水管中或水井水泵中的水样时，取样前需将水龙头或泵打开，先放水 10～15min，然后再用干净瓶子收集水样至满瓶即可。

采集池、江、河中的水样时，可将干净的空瓶盖上塞子，塞子上系一根绳，瓶底系一铁铊或石头，沉入离水面一定深处，然后拉绳拔塞，让水流满瓶后取出，见图1-12。如此方法在不同深处取几份水样混合后，作为分析试样。若乘船采水，须先关停船的螺旋桨，使采集点的水处于不受搅动影响的状况，然后再行采集。采取水样时，采样瓶先用水冲洗数次。如用泵抽水或用水管放水，可先放弃一定量的水，待水管中剩余水全部被新鲜水取代后再收集。倘若条件具备，也可采用更理想的采水器，这种采水器在沉降

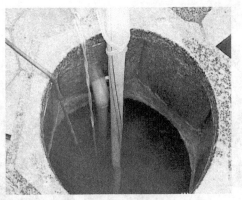

(a) 自来水或有抽水设备的井水中取样

(b) 工业废水的采样

(c) 从河水、湖水中采样

(d) 生活污水的采样

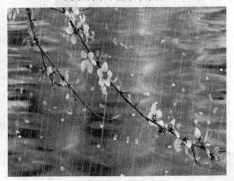

(e) 自然降水的采样

图 1-11　各类水样采集

过程中使水在容器中穿过，当达到一定深度时，关闭通道的上下两头，使该深度处的水被采集在容器内。对于特殊要求的水样，例如测定溶解氧所需的水样，需使用特殊的采集装置，如图 1-13 所示。这种采样器在采取水样时由于压力差的关系，水将从瓶下面的进样口流入，将气逐渐驱至瓶的上部，最后水由下部充满一瓶，如此采集可防止水和空气的搅动改变原水样中的气体成分。

　　生活污水和工业废水采样情况比较复杂，成分随机变化很大。为使水样具有代表性，通常增加采样点和采样频率来解决。特别是工业废水，可以分别在车间、工段、总排等位置设置采样点，如图 1-14 所示，同时每隔一定时间（1h）采集一个子样。对于生活污水，可在24h 内（工业废水则可在 8h 内）收集的水样混合后作为代表性样品。

图 1-12　江、河水样采集

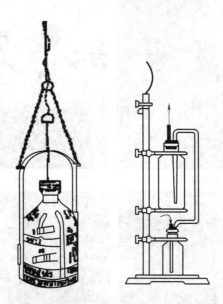

图 1-13　溶解氧采集瓶

图 1-14　生活污水和工业废水采样

　　采集水样时，必须同时填写好采样记录和做好一些必要的现场测试。因为环境条件，包括温度、气压和天气等，会对水质有影响。故而在采样的同时须对这些环境条件加以实地测定和记录，以供处理数据时参考。表 1-5 为这种现场测试和记录的一种。

表 1-5　水样采样和现场测试记录

水样编号：＿＿＿＿＿　采样名称：＿＿＿＿＿	
时间：＿＿＿＿年＿＿＿＿月＿＿＿＿午＿＿＿＿时	
水温：＿＿＿＿℃，气温：＿＿＿＿℃，气压：＿＿＿＿mmHg(1mmHg＝133.3222Pa) 采样点周围情况(有否工矿企业、住宅、厕所、污水排放等)	
现场测试情况:pH＿＿＿＿色泽＿＿＿＿臭＿＿＿＿味＿＿＿＿透明度＿＿＿＿	
电导率＿＿＿＿溶解氧＿＿＿＿	
备注(包括水样在现场做过何种处理)：＿＿＿＿＿＿＿＿＿＿	

4. 水样的保存和前处理

水样采集后除部分项目可在现场测试外，大部分需带回实验室进行测试。这就需要解决如何保存和处理样品，使其在分析前不发生任何变化的问题。

由于盛水器皿对水中各成分有吸附等作用，因此盛水样的瓶子必须预先洗涤干净，并用水样洗涤数次。目前常用的盛水器皿为硬质玻璃瓶和聚乙烯塑料瓶。聚乙烯瓶壁对大部分痕量无机离子的吸附作用较弱，适宜贮存用来测定无机物的水样；但不宜存放含有机成分或油类的水样。采样后，瓶子要立刻贴好标签并涂上石蜡，尽快送往实验室分析。

水样放置的时间不宜过长，因为水样放置时间过久，水质会发生变化。采样与分析的时间间隔愈短，则分析结果愈可靠。供理化检验用水样最长允许存放时间为：洁净的水样72h；轻度污染的水样48h；严重污染的水样12h。

引起水样发生变化的主要原因有：

(1) 物理因素　有挥发和吸附作用等，如水样中 CO_2 挥发可引起 pH 值、总碱度、酸(碱) 度发生变化，水样中某些组分可被容器壁或悬浮颗粒物表面吸附而损失。

(2) 化学因素　有化合、络合、聚合、水解、氧化还原反应等，这些反应将会导致水样组成发生变化。

(3) 生物因素　由于细菌等微生物的新陈代谢活动使水样中有机物浓度和溶解氧浓度降低。

针对上述水样发生变化的原因，常用的水样保存方法有下列几种：

(1) 冷藏法　水样的冷藏温度一般要低于采样时的温度。水样采集后，应立即投入冰箱或冰-水浴中并置于暗处，冷藏温度一般是 2～5℃。冷藏不能长期保存水样。

(2) 冷冻法　为了延长保存期限，抑制微生物活动，减缓物理挥发和化学反应，可采用冷冻保存的方法，冷冻温度在−20℃。但要特别注意在冷冻过程和解冻过程中，不同状态的变化会引起水质的变化。为防止冷冻过程中水的膨胀，无论使用玻璃容器还是塑料容器都不能将水样充满整个容器。

(3) 添加保护剂法　为了防止样品中被测成分在保存和运输过程中发生分解、挥发、氧化等变化，常加入保护剂。例如在测定氨氮、化学需氧量时的水样加入 $HgCl_2$，可以抑制生物氧化还原反应；在氰化物或挥发酚水样中加 NaOH，将 pH 值调至 12 左右，可使其生成稳定的盐类等。为了防止重金属离子的沉淀和被吸附，应在采集的水样中加入少量酸加以保护；对于含微量氰根和微量酚的水样，可加入 NaOH 溶液，使 pH 值达 12 以上，稳定水中微量的氰和酚。

水样进入实验室后，应立即按预先设计好的顺序，将一些最易变质的项目如溶解氧、亚硝氮、硝氮、耗氧、碱度和某些金属离子等先行分析。

想一想

　　若你到检测公司上班，你的第一岗位就是采样岗，公司派你到某一地区采集土壤样品，你要准备什么工具？到现场怎样采集？采集到土样怎样处理？这一系列问题你知道吗？

任务三　固体样品的采集与制备

任务要求

1.掌握固体样品采集的相关要求、设计和方法；
2.能够根据固体样品特点和测试项目要求制订采样方案；
3.会根据采样方案，正确使用采样工具，正确选择样品采集的器皿；
4.能准确使用采样方法采集固体样品；
5.能做好样品采集安全防护；
6.能在采样过程中进行现场采样记录；
7.能根据测试要求对固体样品进行制备。

一、怎样采集固体样品

【课堂扫一扫】

二维码1-7　固体
样品的采集

　　固体物料是最常见的物料，所处状态与场景也是复杂的。总结起来主要有原始自然状态下固体样品采集（如土壤样品采集、岩矿样品采集）、块状（颗粒状）堆积状态下固体样品采集（如煤样采集、化肥样品采集）、包装状态（袋装、桶装）下固体样品采集、运输车上固体样品的采集、流动状态下固体样品采集（矿车、传运带上固体物料采集）。

　　1.原始自然状态下固体样品采集

　　原始自然状态下固体样品采集主要有土壤样品采集、岩矿样品采集。土壤样品采集详见操作项目1　土壤样品的采集与制备。岩矿（山）坝的取样，常用的取样方法是钻孔取样，可以是机械钻孔，也可以是人工钻孔。矿山取样一般采用刻槽取样、钻孔取样、炮眼取样、拣块取样或沿矿山开采面分格取样等方法。取样的精确度主要取决于取样网的密度。一般可沿整个尾矿场表面均匀布点，然后钻孔取样；若待处理的老尾矿数量很大，可考虑首先在近期要处理的地点取样。各点的样品应先分别缩取化学分析样，然后再根据取样要求配成选矿试样。

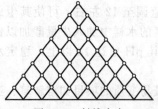

图1-15　料堆布点

　　2.块状（颗粒状）堆积状态下固体样品采集

　　成批矿石原料（如石灰石、白云石、长石、菱镁石、煤、砂子等）进厂后（如果在运输过程中没有取样），可在分批存放的料堆上取样。其方法如图1-15所示。最下层采样部位应距离地面0.5m。每个采样点的0.2m表层物料应除去，然后沿着和物料堆表面垂直的方向边挖边采样。在取样点取样时，用铁铲将表面刮去 0.1m，深入 0.3m 挖取一个子样的物料量，每个子样的最小质量不小于 5kg，最后合并所采集的子样。在每个取样点挖取 100～200g 子样。如遇块状物料，则用铁锤砸碎再取。大约每 100t 原料堆需取出 5～10kg 矿样，作为实验室样品送到化验室，供制备分析试样用。

矿石堆或废石堆是在生产过程中逐渐堆积起来的，沿料堆的长、宽、深，其物料的性质都有差异，再加上物料的堆积度大，不便挖取，因而其取样工作比较麻烦，可供选择的方法有舀取法和探井法两种。

（1）舀取法（挖取法）　舀取法的实质是在物料表面一定地点挖坑舀取样品。

显然，当物料是沿长度方向逐渐堆积时，通过合理布置取样点即可保证总样的代表性；反之，当物料是在一定地点沿高度方向逐渐堆积时，沿高度方向物料的组成和性质可能变化很大，此时采用表层舀取法则试样代表性很差，只能增加取样坑的深度，或改用探井法。但无论采用哪一种方法，工作量都将很大。

（2）探井法　探井采样法是在料堆的一定地点挖掘浅井，然后从挖掘出来的物料中缩取一部分作为试样，其做法与砂矿床用的浅井取样法类似，但此处取样对象是松散物料，在挖井时井壁必须支撑，因而费用较大，非必要时一般不用。

探井法的主要优点是可沿料堆全厚取样，但由于工程量大，取样点的数目不能太多，因而沿长度方向和宽度方向的代表性不及舀取法。为此，在用探井法取样时，取样点的选择必须慎重，应事先访问老工人和老工程技术人员，了解料堆堆积的历史，借以估计料堆组成的变化情况，必要时还可先用舀取法采集少量试样进行化学分析，作为选择取样点的依据。

3.包装状态（袋装、桶装）下固体样品采集

固体化工产品一般都使用袋（桶）包装，每一袋（桶）称为一件。采样单元可按抽样方案来确定。

如对于袋装化肥，通常规定：50 件以内抽取 5 件；51～100 件，每增 10 件，加取 1 件；101～500 件，每增 50 件，加取 2 件；501～1000 件以内，每增 100 件，加取 2 件；1001～5000 件以内，每增 100 件，加取 1 件。将子样均匀地分布在该批物料中，然后用采样工具进行采集。

在确定子样数目后，即可用取样钻或双套取样管和采样探子取样，如图 1-16 和图 1-17 所示。对每个采样单元分别进行采样。自袋、罐、桶中采集粉末状物料样品时，通常采用取样钻。取样钻为钻身 750mm，外径 18mm，槽口宽 12mm，下端 30°角锥的不锈钢管或铜管，取样时，将取样钻由袋（罐、桶）口的一角沿对角线插入袋（罐、桶）内的 1/3～3/4 处，旋转 180°后抽出，刮出钻槽中的物料作为一个子样。化工产品总样量一般不少于 500g，其他工业产品的总样质量应够分析用。

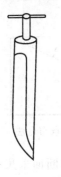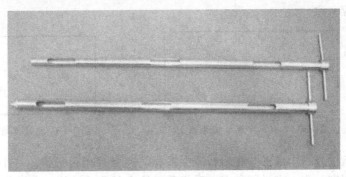

图 1-16　取样钻和固体粉末取样金属探子

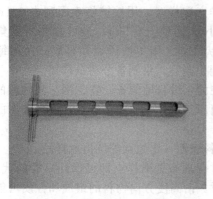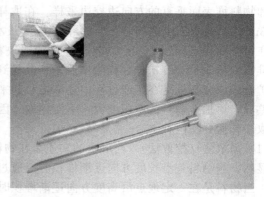

图 1-17　双套取样管和采样探子

4.流动物料的取样

流动物料是指运输过程中的物料，例如用矿车运输的原矿，也可以是用胶带运输机和其他运输机械运输的料流，给矿机和溜槽中的料流，以及流动中的矿浆。最常用、最精确的采集流动物料试样的方法是横向截流法，即每隔一定时间，在垂直于料流的方向，截取少量物料作为样品，然后将一定时间内截取的许多小份单样累积起来作为总样供试验用。取样精确度主要取决于料流组成的变化程度和取样频率。

（1）抽车取样　当原矿石是用小矿车运到选矿厂时，可用抽车法取样。一般每隔 5 车、10 车或 20 车抽一样。间隔大小主要取决于取样期间来矿的总车数，而在较小程度上取决于所需的试样量，因为每次所需试样量不多，抽取的车数也不能太少，抽车太少代表性不好。抽车法取得的试样量超 1t 时，可进一步用抽铲法或堆锥四分法缩取。

对原矿抽车取样实质上是从矿床取样，抽车只是一种缩分方法。取样的代表性不仅取决于抽车法的操作，而且取决于自矿山运来的矿石本身是否能代表所研究的矿床或矿体。因而在抽车前必须同矿山地质部门联系，不能盲目从事。

从小型车辆中采集固体物料时，子样的数目应按具体规定执行。对于商品煤，子样的数目应按前述的规定来确定，子样点可按沿斜线采样的原则来布置，但由于汽车等小型车辆容积较小，可装车数远远超过应采集的子样数目，所以不能从每一辆车中采集子样。一般是将采集的子样数目平均分配于所装的车中，即每隔若干车采集一个子样。例如，1000t 商品煤，按规定应采取 60 个子样，如果汽车的载运量为 4t，应装 250 车，则每隔大约 4 车采集一个子样。

如图 1-18 所示，在火车车厢内沿斜线方向在 1、2、3、4、5 位置上按五点循环采集子样。对于原煤、筛选煤，不论车厢容量大小，均按图 1-19，在车厢内沿斜线方向采集 3 个子样。斜线的始末两点距离车角应为 1m，其余各点应均匀地分布在始末两点之间，各车皮的斜线方向应一致。

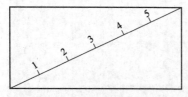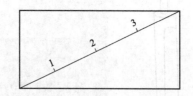

图 1-18　火车车厢 5 点布点法　　　　图 1-19　火车车厢 3 点布点法

（2）运输胶带上取样　在物料流中采样，通常采用舌形铲，一个横断面采集一个子样。采样应按照左、中、右进行布点，采集质量按有关公式计算。在横截皮带运输机采样时，采样器必须紧贴皮带，而不能悬空铲取物料。

在陶瓷厂中，对于松散固体物料，特别是原矿，经常是在运输胶带上取样。

陶瓷试样可用人工采样，即利用一定长度的刮板，每隔一定时间，垂直于料流运动方向，沿上层全宽和全厚均匀地刮取一份物料作为试样。取样间隔一般为15～30min，取样总时间为一个班至几个班。

二、怎样制备固体样品

【课堂扫一扫】

二维码1-8(a)　固体
样品的制备上

二维码1-8(b)　固体
样品的制备下

固体样品由于不均匀需要特殊样品制备过程，样品制备目的是从大量的原始样品中获取最佳量的能满足检验要求、待测性能能代表总体物料特性的样品。制备的这些单份检测样和试验样，不仅在数量上和粒度上应满足各项具体检测和试验工作的要求，而且必须在物质组成特性方面仍能代表整个原始试样。

1. 固体试样的干燥

干燥是指除去附在固体或混杂在液体或气体中的少量水分，也包括除去少量溶剂。干燥的类型可分为物理方法和化学方法两种。如风干、烘干、蒸发等属于物理方法，而化学方法则是使用干燥剂，使其与水作用形成水合物或与水起反应，从而除去试样中的水分。下面分别就试样不同状态介绍试样的干燥方法。

可采用蒸发和吸附的方法来干燥，蒸发可采用自然干燥、加热干燥和减压干燥。吸附的方法是使用装有各种类型干燥剂的干燥器进行干燥。

（1）自然干燥　这是最经济、方便的方法。应注意被干燥的固体应该稳定、不分解、不吸潮。干燥时要把被干燥固体放在表面皿或其他敞口容器中，薄薄摊开，让其在空气中慢慢晾干。

（2）加热干燥　对热稳定的化合物，可用烘干的方法使其干燥，常使用电热干燥箱（烘箱）或红外灯来烘干。要严格控制加热温度，不要高于有机物的熔点并要随时翻动被干燥的物质，防止出现结块的现象。

红外灯的温度控制，可利用功率的不同，悬放高度的不同予以调节。若用的是电热干燥箱，可在50～300℃的温度范围内，根据需要任意选定温度，借助于箱内的自动控制系统保持温度恒定，温度计应插入箱顶的排气阀上孔中。

（3）干燥器干燥　对于易分解或升华固体，不能用上述方法干燥，应放在干燥器内干燥，常见的干燥器有普通干燥器（图1-20）、真空干燥器（图1-21）、真空恒温干燥器（图1-22）。

　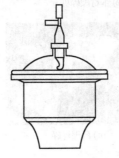　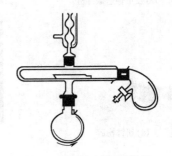

图1-20　普通干燥器　　　图1-21　真空干燥器　　　图1-22　真空恒温干燥器

① 使用普通干燥器干燥　普通干燥器通常用变色硅胶或无水氯化钙作干燥剂，干燥样品所费时间较长，干燥效率不高，一般适用于保存易吸潮药品。干燥器是磨口的，并涂有一层很薄的凡士林以防止水汽进入，开启或关闭干燥器时，应用左手朝里（或朝外）按住干燥器下部，用右手握盖上的圆顶反方向平推器盖。搬动干燥器，不应只捧着下部，而应同时用拇指按住盖子，以防盖子滑落。

② 使用真空干燥器干燥　某些易分解、易升华、易吸湿或有刺激性的物质，需在真空干燥器中干燥。干燥时，根据样品中要除去的溶剂选择好干燥剂，放在干燥器的底部。如要除去水可用五氧化二磷；要除去水或酸可选生石灰；要除去水和醇可选无水氯化钙；要除去乙醚、氯仿、四氯化碳、苯等可选用石蜡片。

真空干燥器上配有活塞，可用来排气，抽气通常采用水泵，在抽气过程中，其外围最好能用布裹住，以保安全。

真空干燥器干燥效率较高，使用时真空度不宜过高，以防止干燥器炸裂。一般用水泵抽气，抽气时应有防止倒吸的安全装置。取样放气时不宜太快，以防止空气流入太快将样品冲散。

③ 使用真空恒温干燥器干燥　真空恒温干燥器也称干燥枪，其干燥效率较高，适用于除去结晶水或结晶醇。但这种方法只能用于小量样品的干燥，如果干燥化合物数量多，可采用真空恒温干燥箱。

使用干燥器时，先将装有样品的小瓷盘放入夹层内，连接盛有干燥剂（一般常用五氧化二磷）的曲颈瓶，然后用水泵减压，抽到一定真空度时，将活塞关闭，停止抽气。根据被干燥化合物的性质，选用适当的溶剂进行加热（溶剂的沸点切勿超过样品的熔点），溶剂蒸气充满夹层外面，而使夹层内样品在减压和恒定的温度下进行干燥。整个过程中，每隔一定时间应再抽一次气，以保持一定的真空度。

2. 试样加工操作

固体试样加工操作包括四道工序，即破碎（粉碎）、筛分、掺合、缩分。为了保证试样的代表性，必须严格而准确地进行每一项操作，决不允许粗心大意。

（1）粉碎　粉碎试样可用人工或机械（碎样机）加工的方法，见图1-23。试样经粗碎、

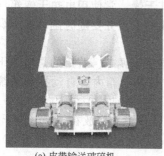
(a) 皮带输送破碎机

(b) 木材破碎机

(c) 煤矿用双齿辊破碎机

(d) 研钵粉碎

(e) 药碾粉碎

(f) 切削式粉碎机

图1-23　固体样品粉碎工具

中碎和细碎以及使用研钵研磨至所需粒度。由于分解不同试样的难易程度不同，要求磨细的程度也不同。为控制试样粒度均匀，常采用过筛的办法，即让粉碎的试样通过一定筛孔的筛子。必须注意，每次粉碎后要通过相应筛孔的筛子，将不能通过筛孔的部分反复破碎，直至全部过筛。切不可随意弃去，否则影响试样的代表性。将破碎至一定程度的试样仔细混匀后，再进行缩分。

对于软、高水、高脂样品如鱼、肉、果、蔬菜的粉碎，可以用人工切碎和机械打碎。机械打碎通常有组织捣碎机、绞肉机、打浆机。

在样品粉碎时要注意下列事项：

① 依据样品性质和检验项目正确选择粉碎方法。如纤维素多的样品，不宜用研钵、药碾粉碎，而宜用切削式粉碎机粉碎；测金属元素样品，不宜用金属器具粉碎而宜用瓷钵粉碎。固态高脂、高水样品用切片或剪碎的方法处理。

② 样品细度应合乎检验要求，过粗，被测组分难以分离，且难以均匀；过细，常会造成被测组分中的低沸点成分的损失。

（2）筛分　筛分是按规定用适当的标准筛对样品进行分选的过程。化验室中使用的标准筛又称为分样筛或试验筛，如图 1-24 所示，筛子一般用细的铜合金丝制成，其规格以"目"表示，如表 1-6 所示。"目"的意义通常是指每英寸长度（2.54cm）中的筛孔个数。目数越小，标准筛的孔径越大；目数越大，标准筛的孔径越小。

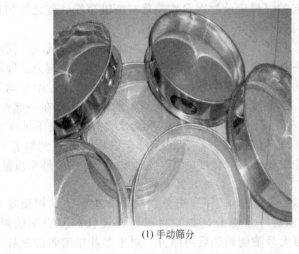

（1）手动筛分　　　　　　（2）机械振动筛分

图 1-24　化验室中使用的标准筛

表 1-6　筛号（网目）及其规格

筛号（网目）	20	40	60	80	100	120	170	200
筛孔（即每孔的长度）/mm	0.83	0.42	0.25	0.18	0.15	0.125	0.090	0.075

破碎前，往往要进行预先筛分，以减少破碎工作量，破碎后还要检查筛分，将不合格的粗粒回收。对于粗碎操作，若试样中细粒不多，而破碎设备生产能力较大，就不必预先筛分。

粗粒筛分可用手筛，细粒筛分则常用机械振动，如图 1-25 所示。筛孔尺寸应尽可能与该类矿石生产习惯一致。一般应备有筛孔尺寸为 150 目、100 目、70 目、50 目、30 目、20 目、18 目、12 目、6 目、3 目、2 目的一整套筛子，供实验选用。

图 1-25 手筛和机械振动

物料在破碎过程中，每次磨碎后均需过筛，未通过筛孔的粗粒再磨碎，直至样品全部通过指定的筛子为止（易分解的试样过 170 目筛，难分解的试样过 200 目筛）。

（3）掺合 掺合是按规定将样品混合均匀的过程。经破碎后的样品，其粒度分布和化学组成仍不均匀，须经掺合处理。对于粉末状的物料，可用掺合器进行掺合。对于块粒状物料和少量的粉末状物料，可用堆锥法进行人工掺合。以堆锥法掺合煤样时，将已破碎、过筛的煤样用平板铁锹在光滑平坦的厚钢板上铲起堆成一个圆锥体，再交互地从煤样堆两边对角贴底逐锹铲起堆成另一圆锥体，每次铲起的煤样应分数次自然撒落在新锥顶端，使之均匀地落在新锥四周。掺合操作重复三次后即可进行缩分。

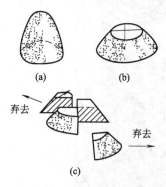

图 1-26 四分法

（4）缩分 缩分的目的是使被粉碎试样的量减少，同时又不致失去其代表性。通常用所谓"四分法"进行缩分。即将粉碎混匀的试样先堆成锥形，然后压成圆饼状，通过中心均等分为四份，弃去对角的两份，其余对角的两份收集在一起混匀，如图 1-26 所示，保留的试样是否继续缩分，取决于试样的粒度与保证试样量的关系，它们应符合取样公式。例如有 24kg 原始试样粉碎至最大粒度的直径为 4mm，试样的最小质量为：

$$Q = 0.06 \times 4^2 = 1 (\text{kg})$$

所以 24kg 原始试样应缩分四次，方能保证试样质量等于 1kg。若欲进一步缩分，必须将试样再度破碎至更细的颗粒，并通过较大号筛的筛选后再缩分。对于某些难溶解的试样，往往要将它们全部通过 1～200 目的细筛（粒度为 0.07～0.15mm）。

任务实施

操作项目 1　土壤样品的采集与制备

【课堂扫一扫】

二维码1-9　土壤
样品的采集与制备

一、项目目标

1.练习土壤采样布点设计方法。

2.掌握土壤采样工具的使用。

二、项目背景

受市政府环保局指示对某一镇区土壤进行环保生态调研，需要进行土壤的重金属污染调查，现需要现场采集这一镇区土壤样品。

三、项目准备

1.工具准备：采样用铲（木质或塑料）、皮尺。

2.容器的准备：采样袋（纸质或塑料）。

3.采样记录及标签准备：记录表及标签。

四、项目实施

1.采样点的数目

由于土壤本身在空间分布上具有较大的不均匀性，需要在同一采样地点进行多点采样，再混合均匀。当采样地点的面积不大（1000～2000m² 以内）时，可在不同方位上选择5～10个有代表性的采样点。

2.采样点的布置方法

采样点的分布不能太集中，通常有对角线采样法、梅花形采样法、棋盘式采样法和蛇形采样法，如表1-7、图1-27所示。对土壤大面积采样定位，可采用GPS定位设点。

表 1-7 土壤采样点的布点方法

布点方法	布点数	适用条件
对角线法	对角线分5等份，以等分点为采样分点	适用于污灌农田土壤
梅花形法	5个左右	适用于面积较小、地势平坦、土壤组成和受污染程度相对比较均匀的地块
棋盘式法	10个左右	适宜中等面积、地势平坦、土壤不够均匀的地块
	20个以上	有污泥、垃圾等固体废物的土壤
蛇形法	15个左右	适宜面积较大、土壤不够均匀且地势不平坦的地块，多用于农业污染型土壤

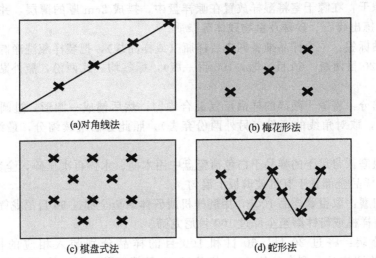

(a)对角线法   (b)梅花形法

(c)棋盘式法   (d)蛇形法

图 1-27 土壤采样点的布点方法

3.采样深度

采样深度视采样目的而定，一般采耕层0～20cm，取混合样1～2kg。

4.采样工具、容器、方法

用作化学分析（除重金属分析）的土壤样品可用土钻采样，用作容量测定的土壤样品，应用环刀法采样。将所采土样装入布袋或聚乙烯塑料袋中，内外均应附标签，标明采样编号、名称、采样深度、采样地点、日期、采集人。

5.土壤样品制备

（1）制样室要求　制样室应设在向阳（但严防阳光直射样品）、通风、整洁、无扬尘、无易挥发化学物质的房间，为便于晾样，面积最好不小于10m^2。

（2）制样所需的工具与容器　晾样用白色搪瓷盘；敲样用木槌、压样用木棒（图1-28）；磨样用样品研磨机、玛瑙研磨机或玛瑙研钵、白色搪瓷研钵；过筛用尼龙筛，规格为20～100目；装样用具塞磨口玻璃瓶、具塞无色聚乙烯塑料瓶或特制牛皮纸袋（装样量不低于200g）；装样用牛角勺；还需要样品标签。

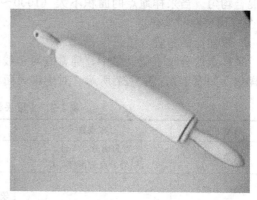

图1-28　木槌、木棒

（3）制样程序

① 土样交接：采样人将样品送交管理人员后，样品管理人应进行样品登记，然后填写制样通知单交制样人员，制样人员按相应步骤制样。

② 湿样晾干：在晾干室将湿样放置在晾样盘中，摊成2cm厚的薄层，并间断地用木槌敲碎、翻拌，拣出碎石、砂砾及植物残体等杂质。

③ 分样贴标签：一个样品准备四个装样瓶（或样品袋），把装样瓶洗净晾干，填好样品标签并贴好（20目两瓶，60目一瓶，100目一瓶），标签均一式两份，瓶外贴一份，瓶内装一份。

④ 样品缩分：将晾干敲碎的样品反复混合均匀，然后铺成一圆形，过圆心画十字线将圆分为四等份，取对角线的两份（另外两份弃去），照此方法继续缩分，最终留500g左右制样。

⑤ 样品粗磨：将风干的样品于白色搪瓷盘中用木槌、木棒再次压碎，全部过20目尼龙筛，过筛后的样品全部置于有机玻璃板上混匀。

⑥ 样品细磨：取粗磨样品100g，用磨样机或研钵磨至全部过60目尼龙筛；再取粗磨样品100g，用磨样机或研钵磨至全部过100目尼龙筛。

⑦ 样品分装：将过20目、60目和100目的样品分别装入相应的样品瓶中（各100g），作为检测样品，剩余的约200g样品过20目筛后装入另一个样品瓶中，作为自备库存样备用。过20目筛（孔径0.9mm）的粗磨样可直接用于土壤pH、土壤代换量、土

壤速测养分含量、元素有效性含量分析；过 60 目筛（孔径 0.25mm）的样品用于农药或土壤有机质、土壤全氮等分析；过 100 目（孔径 0.149mm）的土样，用于土壤重金属和元素全量分析。

⑧ 填单交接：样品制完后，检查所有样品编号、标签、粒径，标签填写等应无误，将库存样和检测样一并交样品保管人，双方签字认可。若样品需外送检测，则将检测样送检测单位，库存样自己保存。

（4）含水量的测定（可选做）　无论何种土样均需测定土样的含水量，以便按烘干土为基准进行计算。可用百分之一天平称取土样 20～30g，在 105℃ 下烘干 4～5h，干燥至恒重，计算含水量，以 mg/kg 表示。

土壤采样记录表

编号	采样地点	采样时间	采样深度/m	气象参数		感官指标描述	备注
				气温/℃	相对湿度		
现场情况描述							

五、任务评价

序号	观测点	评价要点	成绩
1	布点	① 布点数量是否足够 ② 布点方法是否正确	
2	采样	① 正确选择、使用采样工具 ② 采样点深度是否符合要求 ③ 采样量是否合适 ④ 正确混合样品 ⑤ 正确盛装土壤样品	
3	采样记录	① 记录表信息填写齐全 ② 记录表信息填写正确 ③ 样品标签填写正确	
4	制样	① 土壤样品晾干过程中是否规范 ② 土壤样品手工破碎（敲碎、碾碎）工具使用是否规范 ③ 土壤样品缩分方法是否正确 ④ 土壤样品筛分是否按规范分装样品	

💡 想一想

若你到检测公司上班，你的第一岗位就是采样岗，公司派你到某一住宅小区采集某一住户室内空气样品，你要准备什么工具？到现场怎样采集？采集到的空气样品怎样处理？这一系列问题你知道吗？

任务四　气体样品的采集与制备

【任务要求】

1. 了解气体样品采样技术的特点、要求、方法和过程；
2. 能够根据气体样品特点和测试项目要求制订采样方案；
3. 会根据采样方案，正确使用采样工具，正确选择样品采集的器皿；
4. 能针对不同状态气体样品选择正确的采样方法采集气体样品；
5. 能在气体样品采集时做好安全防护；
6. 能在采样过程中进行现场采样记录；
7. 能根据测试要求对气体样品进行制备。

气态样品具有比较好的均匀性，但因其状态的特殊性，在采样时需要专用采样设备。

一、气体样品采集有哪些设备

【课堂扫一扫】

二维码1-10　气体
样品的采集设备

1. 手动采样器

手动采样器（图1-29）是利用手动抽气采样的设备，根据组成材料主要有玻璃与金属两类。在实际工作中，可以根据气体种类的不同，选择不同材料的采样器，见表1-8。

图1-29　手动采样器

表1-8　常用气体采样器

采样器类型	使用条件	特点
硅硼玻璃采样器	不超过450℃	价廉
石英采样器	900℃以下长期使用	易碎，在高温下变形
珐琅质采样器	1400℃以下使用	易受热灰侵蚀
不锈钢和铬铁采样器	在950℃使用	
镍合金采样器	1150℃使用	
水冷却金属采样器	采集可燃性气体	

2.导管

导管采用不锈钢管、碳钢管、铜管、铝管、特制金属软管、玻璃管、聚乙烯等塑料管和橡胶管。

高纯气体的采样，应采用不锈钢管或铜管，管间用硬焊或活动连接，但必须紧密连接确保不漏，只有在要求不高时才能用橡胶管或塑料管。

导管的连接处都要用到润滑剂，根据不同的情况来选择润滑剂类型。磨口玻璃器具，磨口面上应很好地润滑，一般采用聚硅氧烷润滑剂，也可用无水羊毛脂。高真空润滑油在一般温度可用，温度较低时黏性不合要求。纯凡士林不适于用作润滑剂，用凡士林、石蜡和生橡胶或凡士林和松香按一定配方混熔可调制出性能良好的润滑剂。

3.样品容器

（1）玻璃容器　常用的玻璃容器有两头带考克的采样管，带三通的玻璃注射器和真空采样瓶，见图1-30。

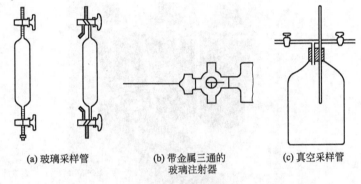

(a) 玻璃采样管　　(b) 带金属三通的　　(c) 真空采样管
　　　　　　　　　　玻璃注射器

图 1-30　玻璃容器

（2）金属钢瓶　金属钢瓶有不锈钢瓶、碳钢瓶和铝合金瓶等，有单阀型、双阀型、非预留容积管型和预留容积管型，见图1-31。

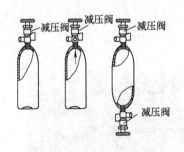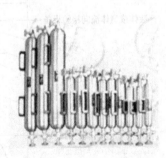

图 1-31　金属钢瓶

目前国外比较先进的金属真空采样罐如图1-32所示，使用前先用专用配套清洗仪将具有阀门的金属采样罐（内层涂有惰性材料）、金属罐抽真空，在现场打开，被测气体即充满金属采样罐，然后再封口，最后用专门富集系统富集后，直接送入分析仪器进行检测。

（3）卡式气罐　由金属材料制成，瓶口配有气密阀门，容积约为500mL，其质量必须符合GB 16691的技术要求，与适当的采样导管和接口相连接，可用于高压气体和液化气体的采样和样品贮存。这种卡式气罐在实际采样工作中携带方便，经济实用，如图1-33所示。

（4）金属杜瓦瓶　金属杜瓦瓶由金属材料制成，隔热良好，用于从贮罐中采集低温液化气体（例如液氮、液氧和液氨等）的液体样品，如图1-34所示。

(a) 清洗仪或抽真空系统

(b) 金属真空罐

(c) 气体富集仪

图 1-32　大气采样系统

图 1-33　卡式气罐

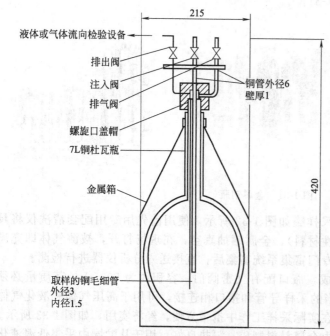

液体或气体流向检验设备
排出阀
注入阀
排气阀
螺旋口盖帽
7L铜杜瓦瓶
金属箱
铜管外径6
壁厚1
取样的铜毛细管
外径3
内径1.5

图 1-34　金属杜瓦瓶

（5）吸附剂采样管 吸附剂采样管有活性炭采样管和硅胶采样管两种。活性炭采样管常用来吸收并浓缩有机气体和蒸气，如图 1-35 所示，长 150mm，外径为 6mm，A 段装 100mg 活性炭，B 段装 50mg 活性炭。

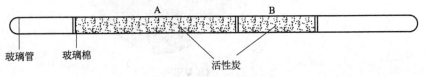

图 1-35 活性炭采样管

（6）气体吸收瓶 吸收瓶是用溶液吸收法采集大气中污染物的一种玻璃容器。为了采集大气中的某种污染成分，在吸收瓶中装入特定成分的溶液，气体通过吸收液时，待测污染物被吸收，经分析测定可确定大气中该污染物的浓度。常用的吸收瓶有多孔玻璃板吸收瓶、气泡吸收瓶、冲击式吸收瓶等，如图 1-36 所示。吸收瓶常用于富集采样法。

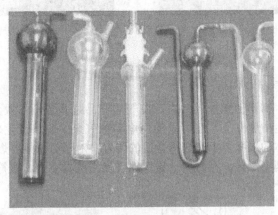

(a) 吸收瓶的不同形式

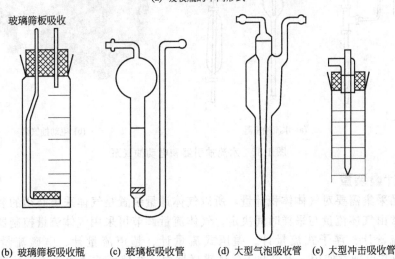

(b) 玻璃筛板吸收瓶　(c) 玻璃板吸收管　(d) 大型气泡吸收管　(e) 大型冲击吸收管

图 1-36 常用的几种气体吸收装置

（7）气体采样袋 气体采样袋的材质有聚乙烯、聚丙烯、聚酯、聚四氟乙烯、聚全氟乙丙烯和复合膜、球胆，见图 1-37。含氟袋子比球胆保存样品时间长。复合膜气袋适用于盛装质量较大的气体。气体采样球胆是用纯天然橡胶加工而成，具有质地均匀、可塑性强、品相美观大方、密封性好等特点。气体取样球胆是实验室收集各种气体必备的器具。

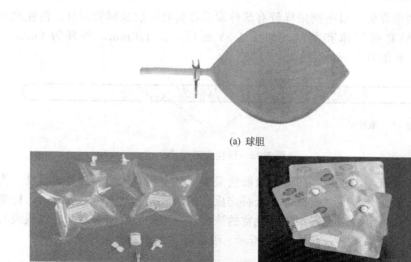

(a) 球胆

(b) 塑料气袋　　　　　　　　　　(c) 复合膜气袋

图 1-37　气体采样袋

4. 吸气器和抽气泵

在气体采样过程中，需要使用抽气动力，使气体样品进入或通过收集器。在实际工作中，可以使用水流抽引器产生中度真空；也可以使用电动抽气泵，它可产生较高真空，见图 1-38。应根据现有的条件、具体的采样要求来选择合适的装置。对于有毒或易燃蒸气采样泵，其放空气应做适当处理或排放到安全区。在易燃、易爆地区操作的真空泵，应符合安全规定。

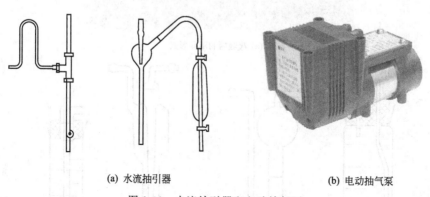

(a) 水流抽引器　　　　　　　　　　(b) 电动抽气泵

图 1-38　水流抽引器和电动抽气泵

5. 气体计量装置

气体样品采集需要对气体体积计量，所以气体计量装置是气体采集必须的装置，而气体体积计量通常由气体流量与采样时间决定。气体流量调节可采用气体流量控制器，其常见类型有容积式流量计、浮子式流量计、差压式流量计、超声流量计、电磁流量计等，见图 1-39。它们通常可独立使用，也可并入气体采样器中，在使用前通常要进行校准，常用皂膜计量仪进行校准。

6. 专用采样器

在空气理化检验中，为了便于采样，通常将收集器、气体流量计和抽气动力组装在一起形成专用采样器。根据工作需要，采样时可以选择不同的收集器，分为气体采样器（图 1-40）和颗粒物采样器（图 1-41）两种。

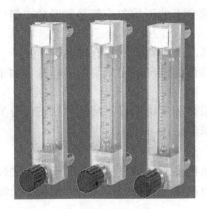

(a) 浮子式流量计

(b) 皂膜流量计

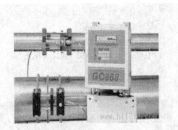

(c) 夹装式超声波流量计

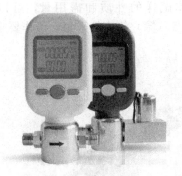

(d) 电磁流量计

图 1-39　各类流量计

图 1-40　气体采样器

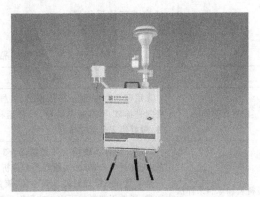

图 1-41　颗粒物采样器

二、怎样采集气体样品

【课堂扫一扫】

二维码1-11(a)　气体
样品采集的方法1

二维码1-11(b)　气体
样品采集的方法2

气体容易经过扩散和湍流而混合均匀，成分上的不均匀一般是暂时的；但气体往往因具有压力、易渗透、易被污染而难以贮存。

气体样品的类型有：部位样品、连续样品、间断样品和混合样品。

在采样过程中，确定采样单元后，根据具体的情况确定采集的子样数目和子样质量，然后按照有关规定进行采样。

气体样品采样方法按采集方式分为直接采样和富集采样；按气体状态可分为常压气体样品采集、正压气体样品采集、负压气体样品采集。

1.直接采样

直接采样就是直接从原始气体样品中采集样品。这种方法主要用于大气采样，在空气中被测组分浓度较高，或所用分析方法灵敏度很高而可直接进样分析即能满足检测要求的情况下使用。

根据气体试样的性质和需用量，可以分别用注射器、塑料袋和球胆（图1-42、图1-43）、真空瓶（罐）等直接采集，操作要求见表1-9。

图1-42　活塞式气体采集器

图1-43　带有喉管的气体取样球胆

表1-9　气体样品的直接采样方法

方法名称	操作要点	备注
注射器采样法	先用现场空气抽洗2～3次后，抽样至所需体积刻度，密封进样口，回实验室分析，采样后样品不宜长时间存放，最好当天分析完毕	此法多用于有机蒸气的采集
塑料袋和球胆采样法	用连二球打入现场空气冲洗2～3次后，充满被测样品，夹紧进气口，带回实验室进行分析。 常用气体采样塑料袋有聚乙烯、聚四氟乙烯和聚酯等种类，所用塑料袋不应与被测物质起化学反应，也不应对被测物质产生吸附和渗漏现象，为了减少吸附，有些塑料袋内壁衬有金属膜，如银、铝等	该法结合吹气法采样时，由于球胆和塑料袋有一定弹性，且气体可压缩，因而采样体积并不准确
真空瓶(罐)采样法	真空瓶或真空钢罐如图1-31所示。使用前应先将具有活塞的玻璃瓶或玻璃罐抽真空，一般抽至剩余压力为1.33kPa，在现场打开活塞，被测气体即充满玻璃瓶，然后再封口，带回实验室可直接接入到气相色谱分析仪器上进行检测。采样体积为真空瓶或真空罐的体积	如果抽真空度达不到所要求的1.33kPa，采样体积计算如下式：$$V=V_0(p-p')/p$$式中　V——采样体积，L； 　　　V_0——真空瓶或真空罐体积，L； 　　　p——大气压力，kPa； 　　　p'——剩余压力，kPa

2. 富集采样

当空气中有害物质的含量较低，测定方法的灵敏度还不能满足直接采样的要求时，则须将大量空气中所含有的污染物质进行浓缩、富集。此时用吸附剂进行吸附，常用的吸收剂有液体和固体两类。

溶液吸收法主要利用溶液来吸收气体和蒸气状态的污染物质，当空气通过装有吸收液的吸收管时，有害物质以物理或化学方式被阻留在吸收液中，从而达到浓缩、富集的目的。大气中的各种痕量污染成分都可用合适的试剂包括水、酸或碱溶液、氧化剂（如过氧化氢或碘溶液）等吸收。办法是把装有 $10 \sim 15 mL$ 吸收液的玻璃收集器的一端和采样泵连接，使大气样以 $1.0 L/min$ 的速率通过该溶液，至待测成分的量能满足精确检测要求为止。然后将吸收液转入 $20 mL$ 试管或其他容器中进行后续处理。

用水吸收大气中的酸（如二氧化硫、三氧化硫、氮氧化合物）、碱（如氨）、盐（海洋上空大气的重要成分）等，酸溶液主要吸收氨等碱性物，而碱溶液用得较多，可吸收各种酸性成分以及其他毒物，如用 $0.01 mol/L$ 氢氧化钠水溶液吸收路易斯毒气，用过氧化氢溶液吸收二氧化硫、硫化氢等。常用的几种形式的吸收瓶如图 1-36 所示，常用采样吸收管的使用要求与适应范围见表 1-10。

表 1-10　几种形式吸收瓶的使用说明

吸收瓶名称	瓶中装有吸收液体积/mL	采样流量/(L/min)
玻璃筛板吸收瓶	$35 \sim 75$	$0.2 \sim 2$
多孔玻璃板吸收管	$5 \sim 10$	$0.1 \sim 1$
大型气泡吸收管	$5 \sim 10$	$0.5 \sim 2$
冲击式吸收瓶(小型)	$5 \sim 10$	$2.8 \sim 3$
冲击式吸收瓶(大型)	75	$28 \sim 30$

为了保证吸收完全，通常要串联两个以上吸收管，分别检测每个吸收管中的待测成分。一般来说，第一个吸收管的吸收已很充分，并且可用标准物检验。例如用氢氧化钠溶液吸收路易斯毒气时，先在吸收管入口处的玻璃管上滴加含适量待测成分的环己烷溶液，通入洁净空气，将路易斯毒气及溶剂蒸气带入吸收管，然后检测各吸收管的响应，即可对各管吸收率做出判断。

固体吸收剂采样是利用空气通过固体吸收剂时，固体吸附剂的吸附作用或阻留作用达到浓缩目的。

固体吸附剂主要有下列三类。

① 颗粒状吸附剂：硅胶、活性炭、高分子多孔微球。

② 纤维状滤纸：定量滤纸、玻璃纤维滤纸、聚氯乙烯。

③ 筛孔状滤料：微孔滤膜、聚氨酯泡沫塑料。

用固体吸收剂采集大气样品比液体吸收法广泛。固体吸收剂包括涂有不同试剂的滤纸，或用浸有吸收剂的脱脂棉，经化学改性的各种纤维、高聚物粉末等。除滤纸是平铺在金属网面上再用圆环固定外，其他粉状吸收剂都是装于内径 6mm、外径 8mm、长 $10 \sim 15 cm$ 的玻璃管中（图 1-44），吸收床用硅烷化的玻璃纤维塞住以固定。将吸收管一端连接到采样泵，使空气以适宜速率通过，收集适量待测成分。从管中取出吸收剂及玻璃纤维，置于试管或烧杯中，用合适试剂提取后过滤，取滤液进行后续处理。

滤纸或滤膜常用以收集大气飘尘及颗粒物（图 1-45）。为了固定某种成分（通常是二氧化硫、氮氧化合物），滤纸或滤膜先用试剂如碱液浸泡，然后阴干；为了测燃煤地区大气气溶胶烟类总碳量，则用石英膜和其他特定厂家生产的膜如 Milliporee 膜作吸收支持体。

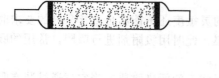

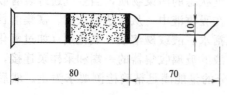

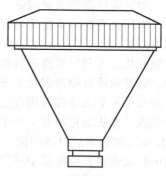

图 1-44 填充柱采样管

图 1-45 滤料采样夹

三、不同状态气体样品采集

气体物料试样的采样可根据其常温下的物理状态分为四大类来进行：常压气体采样、正压气体采样、负压气体采样和液化气体采样。不同状态所用采样器也不同，如图 1-46 所示。

(a) 常压手动气体采样器   (b) 气体正压采样器   (c) 气体负压采样器   (d) 液化气采样器

图 1-46 各类气体采样器

1. 常压气体物料试样的采集

常压气体是指处于大气压下或近似大气压下的气体。处于这种状态的气体物料，常用橡胶制的连二球或玻璃吸气瓶采样，也可采用采样器进行采样。

2. 正压气体物料试样的采集

正压气体是指气体压力远高于大气压的气体。

采集高压气体时一般需安装减压阀，即在采样导管和采样器之间安装一个合适的安全装置或放空装置，将气体的压力降至略高于大气压后，再连接采样器，采集一定体积的气体。

采集中压气体，可在导管和采样器之间安装一个三通活塞，将三通的一端连接放空装置或安全装置；也能用球胆直接连接采样口，利用设备管路中的压力将气体压入球胆，经多次置换后，采集一定体积的气样。

3. 负压气体物料试样的采集

负压气体是指气体压力远远低于大气压力的气体。

将采样器的一端连接采样导管，另一端连接一个吸气器或抽气泵，如图 1-47 所示，抽入足量气体彻底清洗采样导管和采样器，先关采样器出口，再关采样器进口、采样阀，移出采样器。

4. 气体采样注意事项

（1）采样员应熟悉各种液化气体的潜在危险及安全技术。采样时严防爆炸、火灾、窒息、中毒、腐蚀、冻伤等事故发生。

（2）大气样品，通常选择距地面 50～180cm 的高度采样，使采得的样品与人的呼吸空气相同。大气污染物的测定是使空气通过适当的吸收剂，由吸收剂吸收、浓缩之后再进行

图 1-47 负压气体自动采样装置

分析。

（3）对于烟道气、废气中某些有毒污染物的分析，可将气体样品装入空瓶或大型注射器中。

（4）因为气体体积受温度和气压影响，所以气体采样体积可根据环境温度和压力按下式计算：

$$V = \frac{V_0(p - p_B)}{p} \tag{1-3}$$

式中，V 为采样体积；V_0 为真空瓶体积；p 为大气压力；p_B 为真空瓶剩余压力。

（5）采集气体样品时，必须先洗涤容器及管路，再用要采集的气体冲洗数次或使之干燥，以免采样时混入杂质。

（6）由采样导管连接采样系统，经过装卸的部件、容器在采样前要进行试漏。试漏方法有：

① 将系统加压或减压，然后关闭出口，观察压力计（或流量计）的变化；

② 将系统加压，用表面活性剂（如肥皂水、洗涤剂溶液）涂抹所有连接点；

③ 真空管线可用高频火花放电器或氦质谱探漏仪检查。

四、怎样制备气体样品

【课堂扫一扫】

二维码1-12 气体
样品的制备

为了使气体符合对应分析仪器和分析方法的要求，需要将气体加以处理，处理方法包括过滤、干燥、冷却、解吸附等。

1. 过滤

通过过滤器可以分离气体中的灰尘、湿气或其他有害杂质，但需所用过滤装置不与样品被测成分发生反应。过滤的分离装置主要包括：栅网、筛子或粗滤器；过滤器；各种专用的装置。

（1）栅网、筛子或粗滤器：可用金属织物、多孔板、烧结块或熔渣物、层片物质制成，能机械地截留较大的颗粒（粒径大于 $2.5\mu m$）。

（2）过滤器：由金属、陶瓷或天然纤维与合成纤维的多孔板制成。

（3）各种专用的装置：磁的或电的装置、冲击器、鼓泡器、洗涤器、冷凝器、旋风器等。为防止过滤器堵塞，常采用滤面向下的过滤装置。

2. 干燥

气体干燥时多采用干燥剂干燥。用固体干燥剂干燥气体时，常在干燥塔 U 形管及干燥管等仪器中进行。为了避免干燥剂在干燥过程中结块，对形状不稳定的干燥剂，如五氧化二磷，要混合支撑物料——石棉纤维、玻璃棉、沸石等。用液体干燥剂干燥气体，常在各种不同形式的洗气瓶中进行。

脱水方法的选择一般随给定样品而定。脱水方法有以下四类：

（1）化学干燥剂脱水　常用的化学干燥剂有氯化钙、硫酸、五氧化二磷、过氯酸镁、无水碳酸钾和无水硫酸钙。

化学惰性气体，一般在洗气瓶中用浓硫酸干燥。用浓硫酸作干燥剂时，应连接安全瓶。干燥气体时常用的干燥剂，见表 1-11。

表 1-11　干燥气体常用的干燥剂

干燥剂	可干燥的气体
CaO、碱石灰、NaOH、KOH	NH_3、氨气
$CaBr_2$	HBr
CaI_2	HI
P_2O_5	H_2、O_2、HCl、CO_2、CO、N_2、SO_2
无水氯化钙	H_2、HCl、CO_2、CO、SO_2、O_2、低级烷烃、醚、烯烃、卤代烷
浓硫酸	烷烃

（2）吸附剂脱水　吸附剂的比表面积大，通常为物理吸附，常用的有硅胶、活性氧化铝及分子筛，见图 1-48。

图 1-48　硅胶和分子筛

（3）低温冷凝浓缩法（冷阱法）脱水　利用制冷剂使空气冷凝，使空气中低沸点物质冷凝分离的方法称冷阱法。对难冷凝样品，可在零至几摄氏度的冷凝器中缓慢通过脱去水分。过程的效率依赖于冷凝器的几何形状和工作状态即气流速度和温度。其缺点是某些成分溶于形成的冷凝液中。

（4）渗透脱水　用半透膜让水分由一个高分压的表面移至分压非常低的表面。此膜形成一组管子，待干燥的气体在其中通过，干吹洗气在外夹套中通过。在正常操作条件下，此方法有良好的选择性，但在每一种单独情况下需要校验气体的渗透性比水蒸气低。

3. 冷却

气体温度高的需加以冷却，以防止发生化学反应。在可能冷凝为液体的场合，采样导管应往下倾斜连至冷阱（最小梯度为 1/12）。

为了使某些成分不凝聚，有时也需加热，如煤气管旁用水蒸气加热以防萘等凝聚堵塞管道。

4.解吸附

在气体样品采集方法中，采用固体吸附（活性炭）方法来采集气体，采集后，需要把气体样品从吸附剂中分离出来，所以说解吸是指吸收的逆过程，又称洗脱，是将吸收的气体与吸收剂分开的操作。样品采集回到实验室以后，第一种方法是将活性炭用二硫化碳进行浸泡脱附，即通常称之为溶剂解吸；第二种方法是将活性炭管进行加热脱附，即通常称之为热解吸。然后用气相色谱仪定量分析。

现在已生产了多种型号的专门热解吸仪，如图 1-49 所示，通常与气相色谱仪配套使用。

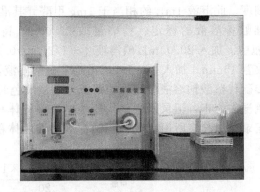

图 1-49　气体热解吸仪

任务实施

学校学生在暑假"三下乡"活动中，深入社区居民家，进行室内空气中甲醛的测定。首先要进行室内空气样品的采集。

操作项目 2　室内空气样品中甲醛的测定

一、项目目标

1.掌握室内空气样品采集与测定的方法、步骤。

2.熟悉甲醛测定的目的意义。

3.理解酚试剂分光光度法测定甲醛的原理。

二、项目原理

样品采集方法是利用甲醛溶于吸收液的原理，使空气通过盛装吸收液的吸收管，空气中甲醛溶于酚试剂中。

空气中的甲醛与酚试剂反应生成嗪，嗪在酸性溶液中被高铁离子氧化形成蓝绿色化合物，根据颜色深浅，比色定量。

三、项目准备

1.试剂的准备

测定过程中所用水均为重蒸馏水或去离子交换水，所用的试剂纯度一般为分析纯。

（1）吸收液原液　称量 0.10g 酚试剂 $[C_6H_4SN(CH_3)\,C:NNH_2\cdot HCl]$（简称 MB-TH），加水溶解，倾于 100mL 具塞量筒中，加水至刻度，放冰箱中保存，可稳定三天。

（2）吸收液　量取吸收液原液 5mL，加 95mL 水，即为吸收液，采样时，临用现配。

（3）1‰硫酸铁铵溶液　称量 1.0g 硫酸铁铵 $[NH_4Fe(SO_4)_2 \cdot 12H_2O]$ 用 0.1mol/L 盐酸溶解，并稀释至 100mL。

（4）碘溶液 $[c(1/2I_2)=0.1000mol/L]$　称量 40g 碘化钾，溶于 25mL 水中，加入 12.7g 碘，待碘完全溶解后，用水定容至 1000mL，移入棕色瓶中，暗处贮存。

（5）1mol/L 氢氧化钠溶液　称量 40g 氢氧化钠，溶于水中，并稀释至 1000mL。

（6）0.5mol/L 硫酸溶液　取 28mL 浓硫酸缓慢加入水中，冷却后，稀释至 1000mL。

（7）硫代硫酸钠标准溶液 $[c(Na_2S_2O_3)=0.1000mol/L]$　可用从试剂商店购买的当量试剂。

（8）0.5％淀粉溶液　将 0.5g 可溶性淀粉，用少量水调成糊状后，再加入 100mL 沸水并煮沸 2～3min 至溶液透明，冷却后，加入 0.1g 水杨酸或 0.4g 氯化锌保存。

（9）甲醛标准贮备溶液　取 2.8mL 含量为 36％～38％的甲醛溶液，放入 1L 容量瓶中，加水稀释至刻度。此溶液 1mL 约相当于 1mg 甲醛。其准确浓度用下述碘量法标定。

甲醛标准贮备溶液的标定：精确量取 20.00mL 待标定的甲醛标准贮备溶液，置于 250mL 碘量瓶中。加入 20.00mL 碘溶液 $[c(1/2I_2)=0.1000mol/L]$ 和 15mL 1mol/L 氢氧化钠溶液，放置 15min。加入 20mL 0.5mol/L 硫酸溶液，再放置 15min，用 $c(Na_2S_2O_3)=$ 0.1000mol/L 硫代硫酸钠溶液滴定，至溶液呈现淡黄色时，加入 1mL 0.5％淀粉溶液继续滴定至恰使蓝色褪去为止，记录所用硫代硫酸钠溶液的体积 V_2（mL）。同时用水作试剂进行空白滴定，记录空白滴定所用硫代硫酸钠标准溶液的体积 V_1（mL）。甲醛溶液的浓度用下列公式计算：

$$c_{甲醛}=\frac{(V_1-V_2)c_1\times15}{20} \tag{1-4}$$

式中　V_1——试剂空白消耗 $c(Na_2S_2O_3)=0.1000mol/L$ 硫代硫酸钠溶液的体积，mL；

V_2——甲醛标准贮备溶液消耗 $c(Na_2S_2O_3)=0.1000mol/L$ 硫代硫酸钠溶液的体积，mL；

c_1——硫代硫酸钠溶液的准确物质的量浓度；

15——甲醛的摩尔质量，g/moL；

20——所取甲醛标准贮备溶液的体积，mL。

二次平行滴定，误差应小于 0.05mL，否则重新标定。

（10）甲醛标准溶液　临用时，将甲醛标准贮备溶液用水稀释成 1.00mL 含 1μg 甲醛，立即再取此溶液 10.00mL，置于 100mL 容量瓶中，加入 5mL 吸收液原液，用水定容至 100mL，1.00mL 稀释后溶液中含 1.00μg 甲醛，放置 30min 后，用于配制标准色列管。此标准溶液可稳定 24h。

2.仪器准备

（1）大型气泡吸收管：出气口内径为 1mm，出气口至管底距离小于或等于 5mm。

（2）恒流采样器：流量范围 0～1L/min，流量稳定可调，恒流误差小于 2％，采样前和采样后应用皂沫流量计校准采样系列溶液的流量，误差应小于 5％。

【操作扫一扫】

二维码1-13　皂膜
计量仪校准

（3）具塞比色管：10mL。

（4）分光光度计：在630nm测定吸光度。

四、操作步骤

（一）样品的采集

1.室内采样布点

室内空气的采样点应避开通风道和通风口，离墙壁距离应大于0.5m。采样点的高度原则上与人的呼吸带高度相一致，相对高度为0.5～1.5m。

室内采样点的数量应按房间的面积设置，原则上面积小于$50m^2$的房间应设1～3个采样点；面积为50～100m^2设3～5个采样点；面积100m^2以上至少设5个采样点。采样点设在对角线上或呈梅花形均匀分布，当房间内有2个及其以上的采样点时，应取各点检测结果的平均值作为该房间的检测值。

对于民用建筑工程的验收，应抽检具有代表性房间的室内环境检测物浓度，采样检测数量不得少于5%，并不得少于3个房间。房间总数少于3间时，应全数采样检测。凡进行了样板间室内环境检测物浓度测试且结果合格的，抽检数量减半，但不得少于3个房间。

2.空气采样器安装

安装采样器支架及采样器，用一个空白大型气泡吸收管，连接好气路，然后进行密封检查，开机调试管路，设置好参数，然后把装有吸收液的吸收管装入。

3.空气采样器设置

以0.5L/min流量，采集空气样品10L。

4.样品记录与标记

记录采样点的温度和大气压力。采样后样品在室温下应在24h内分析。

（二）样品采集数据记录与处理

现场采样原始记录　第　　页共　　页

委 托 单 位：＿＿＿＿＿＿＿＿　＿＿年＿＿月＿＿日　　采样器名称：＿＿＿＿＿＿＿

工 程 名 称：＿＿＿＿＿＿＿　采样员：＿＿＿＿＿＿＿　采样方式：＿＿＿＿＿＿＿

项 目 名 称：＿＿＿＿＿＿＿　校核员：＿＿＿＿＿＿＿　依据标准：＿＿＿＿＿＿＿

分析编号	样品原号	采样流量 /(L/min)	采样时间 /min	采样体积 /L	标准采样 体积/L	温度/℃	气压 /kPa	备注
								采样点原则上
								设在房间中心点，
								如有多个采样点
								则采取对角线上
								等距离布点法。

（三）样品测定（以下可选做）

1.标准曲线的绘制

取10mL具塞比色管，用甲醛标准溶液按表1-12制备标准系列。

表 1-12　甲醛标准系列

管号	0	1	2	3	4	5	6	7	8
标准溶液/mL	0	0.10	0.20	0.40	0.60	0.80	1.00	1.50	2.00
吸收液/mL	5.00	4.90	4.80	4.60	4.40	4.20	4.00	3.50	3.00
甲醛含量/μg	0	0.10	0.20	0.40	0.60	0.80	1.00	1.50	2.00

　　各管中，加入 0.4mL 1% 硫酸铁铵溶液，摇匀，放置 15min。用 1cm 比色皿，在 630nm 的波长下，以水为参比，测定各管溶液的吸光度。以甲醛含量为横坐标，吸光度为纵坐标，绘制曲线，并计算回归斜率，以斜率倒数作为样品测定的计算因子 B_g（μg）。

　　2. 样品测定

　　采样后，将样品溶液全部转入比色管中，用少量吸收液洗涤吸收管，合并使总体积为 5mL。按绘制标准曲线的操作步骤测定吸光度（A）；在每批样品测定的同时，用 5mL 吸收液作试剂空白，测定试剂空白的吸光度（A_0）。

　　3. 测定结果计算

　　（1）体积换算　将采样体积按下列公式换算成标准状态下的采样体积：

$$V_0 = V_1 \frac{T_0}{273+t} \times \frac{p}{p_0} \qquad (1-5)$$

式中　V_0——标准状态下的采样体积，L；

　　　　V_1——采样体积，V_1＝采样流量（L/min）×采样时间（min）；

　　　　t——采样点的气温，℃；

　　　　T_0——标准状态下的热力学温度，T_0＝273K；

　　　　p——采样点的大气压力，kPa；

　　　　p_0——标准状态下的大气压力，p_0＝101kPa。

　　（2）空气中甲醛浓度按下列公式计算

$$c = \frac{(A-A_0)B_g}{V_0} \qquad (1-6)$$

式中　c——空气中甲醛的浓度，mg/m³；

　　　A——样品溶液的吸光度；

　　　A_0——空白溶液的吸光度；

　　　B_g——计算得到的计算因子，μg；

　　　V_0——换算成标准状态下的采样体积，L。

五、任务评价

　　1. 操作评价

序号	观测点	评价要点	成绩
1	布点	（1）布点数量是否足够 （2）布点位置是否正确 （3）布点高度是否符合要求	20
2	安装仪器	（1）仪器架设是否正确 （2）配套吸收管路是否安装正确 （3）电源拉通是否正确	10

续表

序号	观测点	评价要点	成绩
3	仪器操作	(1)温度读数是否正确 (2)大气压读数是否正确 (3)流速设置是否正确 (4)开机与关机	30
4	采样安全	(1)是否佩戴防毒口罩 (2)是否佩戴防护眼镜	20
5	采样记录	(1)记录表信息填写齐全 (2)记录表信息填写正确 (3)样品标签填写正确	20

2.结果评价（选评）

序号	观测点	评价要点	序号
1	测量范围	用 5mL 样品溶液,本法测定范围为 $0.1 \sim 1.5\mu g$;采样体积为 10L 时,可测浓度范围为 $0.01 \sim 0.15mg/m^3$	
2	灵敏度	本法灵敏度为 $2.8\mu g$	
3	检出下限	检出 $0.056\mu g$ 甲醛	
4	再现性	当甲醛含量为 $0.1\mu g/5mL$、$0.6\mu g/5mL$、$1.5\mu g/5mL$ 时,重复测定的变异系数为 5%、5%、3%	
5	回收率	当甲醛含量为 5mL $0.4 \sim 1.0\mu g$ 时,样品标准的回收率为 93%～101%	

六、注意事项

1.检测最好是在装修完成,家具入内后进行。这样检测室内空气得到的数据才最准确。

2.检测前至少关闭门窗 12h 以上,并且将家具门打开,使有害气体充分挥发出来,确保室内空气数值检测的准确性。

3.检测室内空气后根据数据确认室内空气是否超标,是否需要新房除甲醛。

4.采样时穿戴防毒口罩、手套、防护眼镜等个人安全防护用具。

 知识拓展

大气污染采样的布设

以上你知道了室内空气的采样,除此之外,我们还会遇到室外大气的采样,对于室外大气采样有功能区布点法、网格布点法、同心圆布点法、扇形布点法等,同学们有兴趣可以自己去查找相关信息。

💡 想一想

若你到检测公司上班,你的第一岗位样品管理岗,你知道怎样管理样品吗?

任务五　样品的管理

任务要求

1. 熟悉样品交接的要求以及交接过程中的注意事项；
2. 熟悉各种样品的保存方法；
3. 能在样品采集后，正确保存样品、交接样品。

样品的管理是指样品采集后进行交接、运输、保存、处置。通过对检验样品的管理，确保受检样品的安全性、真实性，保证试验检测结果准确、可靠。

一、怎样进行样品交接

【课堂扫一扫】

二维码1-14　样品的交接

送检的产品在交接过程中，应按交接样品的规定由送样人员正确填写《样品检验申请单》，检验方的收验人与送样人员当面对样品的名称、种类、批号、规格、数量、检验内容等进行确认、核实，并由收验人填写《样品受理单》，经送样人、收验人签字，统一编号登记，并记录在案。

送检的产品种类繁多、来源复杂、性质各异。在接受样品时除按规定办理交接手续外，还应具有化工产品性能和检测的基本知识，了解常见化工产品质量方面有关问题及相关标准。这样才能使下面分析检验工作高效、准确。

1. 送检产品的质量和检验要求

送检样品在送检过程中对包装、携带和保存应按照相关国家标准、行业标准执行（详见本项目后参考标准）。样品受理处见图1-50，送样人应以适当的方式封存样品，由样品所在单位以适当的方式运往检验部门。盛样容器应使用不与样品发生化学反应、不被样品溶解、不使样品质量发生变化的材料制成。运输方式应不损坏样品外观及性能。样品箱、样品桶等样品包装也应满足上述要求。当检验微量元素时，对容器要进行前处理。例如检验铅含量时，容器在盛样前应先进行去前处理；检验铬、锌含量时，不能使用镀铬、锌的工具和容器；检验铁含量时，应避免与铁制工具和容器接触；检验3,4-苯并芘时，样品不能用蜡纸包裹，并防止阳光照射；检验黄曲霉素时，样品应避免阳光、紫外线照射。

2. 样品交接中的注意事项

（1）了解样品送检的目的　送检样品一般分为两类：一类是送检人明确样品，另一类送检人不明确样品。接收样品时必须对样品来源、用途、送检目的等信息有所了解，然后才能确定分析检验的项目和内容。一般送检目的主要有下列几种情况。样品交接见图1-51。

① 技术目的

a.确定原材料、半成品及成品的质量；

b.控制生产工艺过程；

c.鉴定未知物；

图 1-50 样品受理处

图 1-51 样品交接

d. 确定物料污染的性质、程度和来源；

e. 验证物料的特性或特性值；

f. 测定物料随时间、环境的变化；

g. 鉴定物料的来源等。

② 商业目的

a. 确定销售价格；

b. 验证是否符合合同的规定；

c. 保证产品销售质量，满足用户的要求等。

③ 法律方面

a. 检验物料是否符合法令要求；

b. 检查生产过程中泄漏的有害物质是否超过允许极限；

c. 进行法庭调查，确定法律责任，进行仲裁等。

④ 安全方面

a. 确定物料是否安全或危险程度；

b. 分析发生事故的原因；

c. 按危险性进行物料的分类等。

（2）样品的识别　接收送检样品应注意厂家、商标、批号、包装、贮存条件等信息，以确保样品来源的可靠性和代表性。非均一体系还要按分析化学标准方法正确取样。样品来源不确定，取样没有代表性，样品被污染或存放不合理而变质等都可能使分析检验复杂化，甚至徒劳无功。同一厂家不同批号的产品组成亦可能不相同。

考察样品的一般性质可从以下几个方面：

① 询问样品的来源　根据样品的来源，可判断出样品可能的成分和杂质。应调查物料的货主、种类、批次、生产日期、总量、包装堆积形式、运输情况、贮存条件、贮存时间、可能存在的成分逸散和污染情况，以及其他一切能揭示物料发生变化的材料。

② 了解样品用途　用途的了解，可给出一些重要的信息。许多材料的用途、结构、成分之间有很密切的关系，如高分子材料中高强度的聚合物大都是聚酰胺、聚甲醛和聚碳酸酯等工程塑料。耐高温的高分子材料则可能是含硅、氟或杂环的聚合物等。

③ 样品的外观审查　仔细观察样品的状态、颜色、气味，可初步判断和了解样品是否为均一体系或为非均一体系。此外，样品的状态、颜色、气味、密度、硬度等物理性质亦与其组成有密切的关系。通过初步审查可得到许多有用信息，如液体样品分层或有沉淀说明该液体样品为混合物。

样品交接中是没有现成途径可走的，没有"标准方法"可遵循，必须运用自己的经验、学识、技能，灵活地解决面临的问题。

样品识别完成后进行样品识别标识码，样品在不同的试验状态或样品在接收、流转、留存处置等阶段，应根据样品的不同特点和不同要求，做好标识的转移工作，以保持清晰的样品识别号，保证各试验室内样品编号方式的唯一性，保证样品分析结果的可追溯性。

二、样品的流转

样品接收后，样品进入流转环节，试验室样品管理技术人员负责按照样品取样的程序按时到指定地点领取样品，并记录取样接收时样品的状态，做好样品的标识以及样品留存、流转、处置过程中的质量控制。检验工作开始后，要在"待检"标签上覆盖加贴"在检"标签。样品的检验、传递过程中应加以防护，避免受到非检验性损坏，并防止丢失。样品如遇意外或丢失、损坏，应在原始记录中予以说明，并向站长报告，追查责任，必要时应立即与委托方联系。

应保存的检毕样品交由管理员入样品库保管，在样品上加贴"已检"标签。

三、怎样保存样品

【课堂扫一扫】

二维码1-15(a) 样品
的保存1

二维码1-15(b) 样品
的保存2

样品采集完后，制备成试验室样品，下一步就要进行样品交接，在交接之前和检测之前，就涉及样品的保存问题，那么怎样保存样品？

在采样与制样以及交接过程中，必须注意防止待测组分损失和沾污（详见项目四中任务一 样品前处理误差影响因素），以保证试样的代表性。一般制备好的试样贮存在具有磨口玻璃塞的广口瓶中，贴好标签，注明试样编号、名称、来源、采样日期等。对于不同样品，保存方法也不同，下面分别进行介绍。

样品部配备专用的样品柜，由样品管理员负责。"已检"样品和"待检"样品应分区存放，标识清楚。贮存环境应整洁、干燥，并做好安全防范措施。

关于水样及气体样品的保存前面已讲，这里不再赘述，对于固体样品，这里重点介绍一些典型代表性样品。

1.土壤样品的保存

对于含有易分解或易挥发等不稳定组分的样品要采取低温保存的运输方法，并尽快送到实验室分析测试。测试项目需要新鲜样品的土壤，采集后用可密封的聚乙烯或玻璃容器在4℃以下的环境中避光保存，样品要充满容器。避免用含有待测组分或对测试有干扰的材料制成的容器盛装、保存样品，测定有机污染物用的土壤样品要选用玻璃容器保存，具体保存条件如表1-13所列。

（1）土壤贮存最基本的要求 土壤贮存最基本的要求是，在贮存时间内土壤性质不应发生的改变。采集原状土壤样品时，由于保持了土壤原有的湿润状态，贮存时土壤性质会有显著改变，特别是那些与微生物活动、氧化还原条件、挥发性物质等有关的性质。在这种情况下，土壤样品必须采取特殊的方法进行贮存，如低温（如$-5℃$或在液氮中）处理或在盛装容器中充 N_2。

（2）土壤贮存容器　理想的土壤样品存贮容器是带有螺纹盖的玻璃瓶，瓶上的标签注明土壤名称、编号和细度（如红壤，0.00001～1mm）。土壤标本的摆放和造册最好按年代和土壤类型排列。此外，在瓶内必须另加一张有编号的塑料标签，以防瓶上的标签丢失或无法辨认。

（3）保存时间　分析取用后的剩余样品一般保存半年，预留样品一般保留 2 年。特殊、珍稀、仲裁、有争议样品一般永久保存。新鲜土壤样品保存时间如表 1-13 所示。

表 1-13　新鲜样品的保存条件和保存时间

测试项目	容器材质	温度/℃	可保存时间/天	备注
金属（汞和六价铬除外）	聚乙烯、玻璃	＜4	180	
汞	玻璃	＜4	28	
砷	聚乙烯、玻璃	＜4	180	
六价铬	聚乙烯、玻璃	＜4	1	
氰化物	聚乙烯、玻璃	＜4	2	
挥发性有机物	玻璃（棕色）	＜4	7	
半挥发性有机物	玻璃（棕色）	＜4	10	采样瓶装满并密封
难挥发性有机物	玻璃（棕色）	＜4	14	采样瓶装满并密封

2. 食品样品保存

对于食品样品，采样后应在 4h 内，迅速送往实验室进行分析，使其保持原来的理化状态及有毒有害物质的存在状况，在检测前不应再被污染，也不应发生变质、腐败、霉变、微生物死亡、毒物分解或挥发以及水分增减等变化，若不能及时送检，要进行正确保存。

食品保存原则：防止污染；防止腐败变质；稳定水分；固定待测成分。食品采集后要快速测定，短期保存，主要保存环境要干净、密封、低温。不同的食品，由于物化性质不同，其保存方法也不同。

食品样品主要分四大类：动植物；用于贮藏的加工食品；提取出特定成分的加工食品；各种混合食品。

（1）动植物食品类　包括鱼贝类、蔬菜、水果、谷类、牛奶等。其主要成分是水分、蛋白质、脂肪、糖类化合物及灰分等，占 99％ 以上。其特点是水分含量一般较高（谷物除外），而且含有各种酶，容易变质，贮藏期短。

此类食品的保存宜用食品塑料包装，用抽真空塑料封口机封口，低温下保存。瓜果蔬菜类的保存温度为 0～10℃。鱼贝类的保存温度应低于－20℃，能达到－40℃以下更好，并且应快速冷冻，测试前缓慢解冻数小时，这样效果较好。谷类可用布袋或纸袋盛装，也可用玻璃广口瓶，常温下放在通风处保存。

（2）用于贮藏的加工食品是将动植物进行干燥、盐渍、加热等加工而制成的食品。其中添加了盐、糖、食品添加剂等原料，如咸货、腊肉、咸菜、奶粉、面粉等。其主要成分与动植物食品类几乎相同，只是在其加工过程中所含的易变质成分很少，而且增加了防腐剂、色素等添加剂，另外成货还含有相当多的盐分。由于水分极少（咸菜除外）且加入防腐剂，此类食品的保存相对来讲比较容易，贮藏期也比较长。此类食品可用食品塑料袋盛装，用抽真空塑料封口机封口，在常温、通风良好的条件下保存。盐渍制品则宜放在玻璃广口瓶中保存。

（3）提取出特点成分的加工食品是从动植物中浓缩提取出特定成分制成的食品。如凝固蛋白质食品豆腐、干酪等；脂肪食品虾油、黄油等；糖类化合物食品淀粉、糖、琼胶等；发酵食品酒、酱油等。其成分比较单一，贮藏期各不相同。此类食品中液体、半流体用广口玻璃瓶盛装；固体用食品塑料袋包装，放在通风良好处；凝固蛋白质食品应放在 0～10℃ 的低温下保存。

（4）混合食品是将各种动植物原料混合，加入添加剂、调味品经烹调制得的食品，如点心，丸子等。其成分与动植物食品、用于贮藏的加工食品差不多，水分介于两者之间，贮藏期也介于两者之间。此类食品的保存，可用食品塑料袋包装，用抽真空塑料封口机封口，在通风良好或 0～10℃ 的低温下保存。

上述四类食品如果出厂时即有完好的包装，如罐头、奶粉等，可保留原包装，直接放在相应的温度条件下保存即可。

 知识拓展

危险化学品的保存

对一些特殊化工样品要根据不同性质，进行不同保存方法，具体如下：

（1）易燃类　易燃类液体极易挥发成气体，遇明火即燃烧，通常把闪点在 25℃ 以下的液体列为易燃类。这类物质要求单独存放于阴凉处，理想存放温度为 -4～4℃。闪点在 25℃ 以下的试剂存放最高室温不得超过 30℃，特别要注意远离火源。

（2）剧毒类　专指由消化道侵入少量即能引起中毒致死的试剂。生物试验半致死量在 50mg/kg 以下者为剧毒物品，如氰化钾、氰化钠及其他剧毒氰化物，三氧化二砷及其他剧毒砷化物，二氯化汞及其他极毒汞盐，硫酸二甲酯，有机氯和有机磷农药，某些生物碱和毒苷等。这类化工产品要置于阴凉干燥处，与酸类试剂隔离，应锁在专门的毒品柜中，皮肤有伤口时，禁止接触这类物质。

（3）强腐蚀类　指对人体皮肤、黏膜、眼、呼吸道和物品等有极强腐蚀类液体和固体（包括蒸气），如发烟硫酸、硫酸、发烟硝酸、盐酸、苯、无水肼、水合肼等。

此类物质存放处要求阴凉通风，并与其他药品隔离放置。应选用抗腐蚀性的材料，如耐酸水泥或耐酸瓷制成的架子来放置这类药品，料架不宜过高，也不要放在高架上，最好放在地面靠墙处，以保证存放安全。

（4）燃爆类　这类产品中，有遇水反应十分猛烈发生燃烧爆炸的，有本身就是炸药或极易爆炸的，有受热、冲击、摩擦或与氧化剂接触能急剧燃烧甚至爆炸的。这类产品要轻拿轻放，存放时室内温度不超过 30℃，与易燃物、氧化剂均须隔离存放。存放产品的料架用砖和水泥砌成，有槽，槽内铺消防砂。试剂置于砂中，加盖，万一出事不致扩大事态。

（5）强氧化剂类　这类产品是过氧化物或含氧酸及其盐，在适当条件下会发生爆炸，并可与有机物、镁、铝、锌粉、硫等易燃固体形成爆炸混合物。如过氧化物遇水有发生爆炸的危险。

此类物质存放处要求阴凉通风，最高温度不得超过 30℃，要与酸类以及木屑、碳粉、硫化物、糖类、易燃物、可燃物或易被氧化物（即还原性物质）等隔离，堆垛不宜过高过大，注意散热。

（6）放射性类　操作这类物质需要特殊防护设备，以保护人身安全，并防止放射性物质的污染与扩散。

（7）低温存放类　此类试剂需要低温存放才不至于聚合变质或发生其他事故，存放温度在 10℃ 以下。

（8）贵重类　单价贵的特殊试剂、超纯试剂和稀有元素及其化合物均属于此类。

四、怎样进行样品的留存与处置

【课堂扫一扫】

二维码1-16　样品
的留存

采得的样品经处理后一般平分为三份，一份作为检验用的样品，称为试验样品或检验样品；一份作为复验用的样品；一份作为备查用的样品，称为保留样品，简称为留样。每份样品的量至少应为需要全项目检验一次总量的 3 倍。

留样的作用是考察分析人员检验数据的可靠性时作对照样品，发生质量争议或分析结果争议时作复检用等。

采集的样品或留样应存放在样品室（或留样室），一般检测机构都设有样品留样室如图1-52 所示。

图 1-52　样品留样室

采集的样品或留样应存放于样品室，样品室应符合通风好、安全、避光以及产品标准规定的特殊要求；不同性质的样品应分开存放。对属于化学危险品尤其是有毒的样品应实行"五双"制度。留样就是留取、储存样品。

样品的保存量（作为备考样品）、保存环境、保存时间以及撤销办法等一般在产品采样方法标准或采样操作规程中都做了具体规定。检毕样品留样期不得少于报告申诉期，留存期满，应分类进行保存或处理。留样时间一般不超过 6 个月或视产品的销售周期而定，根据实际需要和物料的特性，可以适当延长和缩短。留样必须在达到或超过贮存期后才能撤销，不可提前撤销。留样的撤销应造册登记，经审批后才能撤销。撤销的留样可返回生产车间再利用，或经处理后符合排放要求后再排放，切勿随意排放。根据与客户签订的有关协议书要求，样品部要及时通知客户办理手续，领回样品。

五、样品的保密与安全

在样品的检验、流转、贮存与处置过程中，对委托方的样品、资料及有关信息应保密。与检验无关的人员谢绝进入检验室，严禁接触样品。

对剧毒、危险样品的保存和撤销，如爆炸性物质、不用作炸药的不稳定物质、氧化性物质、易燃物质、毒物、腐蚀性和刺激性物质、由于物理状态（特别是温度和压力）而引起危险的物质、放射性物质等，除遵守一般规定外，还必须严格遵守环保及毒物或危险物的有关规定，切不可随意随处存放与撤销。

总之，样品的保密与安全是样品管理分析检验机构中一个复杂而重要管理环节，主要程序如图 1-53 所示。

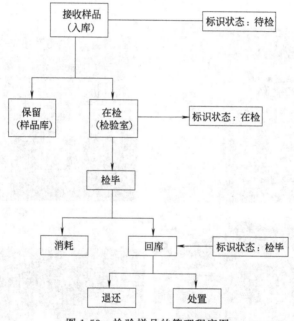

图 1-53　检验样品的管理程序图

项目小结

工作领域	工作任务	职业能力
采样	明确与制定采样方案	采样前，能明确采样方案中的各项规定，包括批量的大小、采样单元、样品数、样品量、采样部位、采样工具、采样操作方法和采样的安全措施等。 能按照产品标准和采样要求制定合理的采样方案。 若需要，对采样的方案进行可行性实验
	准备采样	检查采样工具和容器是否符合要求，准备好样品标签和采样记录表格
		做好个人防护措施（安全帽、工作服、工作鞋、护目镜、防毒口罩、手套等）

续表

工作领域	工作任务	职业能力
采样	实施采样	能在规定的部位按采样操作方案进行采样,正确使用采样工具,填好样品标签和采样记录
		能对一些采样难度较大的产品(不均匀物料、易挥发物质、危险品等)进行采样
制样	固体样品制备	能正确制备组成不均匀的固体样品并进行加工,包括粉碎、混合、缩分。 能正确选择粉碎、匀质设备
	气体样品制备	能正确对气体样品并进行过滤、干燥、冷却等操作。 能正确使用解吸附相关设备
	液体样品制备	能正确对液体样品进行混匀。 能选择对液体样进行加水或脱水(干燥)
交接	接待咨询	具有良好的敬业精神,能主动、热情、认真地进行样品交接的接待咨询。 能全面了解送检产品质量方面的有关问题。 能正确回答样品交接中出现的疑难问题。 能提出样品检验的合理化建议
	填写检验登记表	能详尽填写检验登记表的有关信息(产品的基本状况、送检单位、检验的要求等),并由双方签字
	查验与保存样品	能认真负责地进行样品的查验与保存。 能认真检查样品状态和数量,检验密封方式,做好记录,加贴样品标识。 能在规定的样品贮存条件下贮存样品
留样	样品分类	正确进行样品分类与保存。 正确标识样品
	保存样品	制定留样标准(数量、质量、保存环境、保存时间)。 能使用规定的容器保存样品至规定日期。 选择合适储存条件(温度、湿度、避光)
	清理样品	能按规定安全环保处理到期样品

练一练测一测

1. 选择题

(1) 欲采集固体非均匀物料,已知该物料中最大颗粒直径为 20mm,若取 $K=0.06$,则最低采集量应为 (　　)。

　　A. 24kg　　　　　　B. 1. 2kg　　　　　　C. 1. 44kg　　　　　　D. 0. 072kg

(2) 对样品进行理化检验时,采集样品必须有 (　　)。

　　A. 代表性　　　　B. 典型性　　　　　C. 随意性　　　　　D. 适时性

(3) 测定溶解气体 (如溶解氧) 的水样,常用 (　　) 采集水样。

　　A. 简易采水器　B. 双瓶采水器　C. 泵式采水器　　D. 废水自动采水器

(4) 测定重金属污染的土壤时采集土壤样品,其采样工具应为 (　　)。

　　A. 铁制　　　　B. 铅制　　　　　　C. 不锈钢制　　　　D. 塑料制

(5) 测定水中的金属元素时采集水样的容器应为 (　　)。

A. 硼硅玻璃　　　B. 石英玻璃　　　　　C. 不锈钢制　　　　D. 塑料制

2. 填空题

（1）固体试样的制备，一般包括（　　）、（　　）、（　　）和缩分等步骤。

（2）采得的样品经处理后一般平分为（　　）份，一份供（　　）用，另一份作（　　）。每份样品的量至少应为需要全项目检验一次总量的（　　）倍。

（3）常用的缩分法是（　　）法。

（4）留样时间一般不超过（　　）个月或视产品的销售周期而定，根据实际需要和物料的特性，可以适当延长和缩短。

3. 判断题

（1）（　　）对批量成品进行随机抽样，即随便抽取。

（2）（　　）采集非均匀固体物料时，采集量可由公式 $Q=Kd^a$ 计算得到。

（3）（　　）试样的制备通常应经过破碎、过筛、掺合、缩分四个基本步骤。

（4）（　　）土壤样品粉碎用金属或木质工具均可。

（5）（　　）试验筛的目数越大，标准筛的孔径越小。

（6）（　　）四分法缩分样品，弃去相邻的两个扇形样品，留下另两个相邻的扇形样品。

（7）（　　）制备固体分析样品时，当部分采集的样品很难破碎和过筛时，则该部分样品可以弃去不要。

（8）（　　）无论均匀和不均匀物料的采集，都要求不能引入杂质，避免引起物料的变化。

（9）（　　）当采集水管中工泵水井中的水样时，可以直接用干净瓶子收集水样至满瓶即可。

（10）（　　）室内空气采样，采样前至少关闭门窗 4h。

（11）（　　）高压气体的采集应先减压至略高于大气压，再照略高于大气压的气体的采样方法进行采样。

4. 问答题

（1）采样的基本原则是什么？试举两例说明这个原则在采样工作中的具体应用。

（2）采样记录应该包括哪些基本内容？

（3）水样如何保存？

（4）留样有什么作用？

答案：

1.（1）A　（2）A　（3）B　（4）D　（5）D

3.（1）×（2）√　（3）×（4）×（5）√　（6）×（7）　×（8）√（9）×（10）×（11）√

💡 **课外参考标准查找**

1. GB 12573—2008《水泥取样方法》；

2. HJ 494—2009《水质采样技术指导》；

3. GB 13580.1—1992《大气降水采样和分析方法》；

4. HJ/T 166—2004《土壤环境监测技术规范》；

5. GB/T 6678—2003《化工产品采样总则》；

6. GB/T 6679—2003《固体化工产品采样通则》；

7. GB/T 6680—2003《液体化工产品采样通则》；

8. GB/T 6681—2003《气体化工产品采样通则》；

9. GB/T 14416—2010《锅炉蒸汽的采样方法》；

10. GB/T 20066—2006《钢和铁化学成分测定用试样的取样和制样方法》。

拓展技能训练项目

对于下列拓展项目，学生可以自行选择，自行查找标准或方法，自行设计方案，并在老师指导进行实操拓展训练。

1. 土壤样品的采集。

2. 水质样品采集。

3. 空气样品采集。

4. 食品、蔬菜、瓜果样品的采集。

项目二
样品前处理技术

 项目引导

  样品前处理（sample pretreating）是对样品中待测组分进行提取、净化、浓缩的过程（图 2-1）。样品前处理的目的是消除基质的干扰，保护仪器，提高方法的准确度、精密度、选择性和灵敏度。样品前处理方法主要有两大类，一类是干法；另一类是湿法。干法是指对样品高温熔融（高温分解法）和高温灰化（干灰化法）；湿法主要是指用水、有机溶剂或酸碱试剂对样品进行溶解（浸提法）或进行加热分解处理（湿消解法、微波消解法）。在具体工作中，对于不同试样，采用的方法不同，我们必须了解各种试样处理方法，这对制订快速而准确的分析方法具有重要的意义。

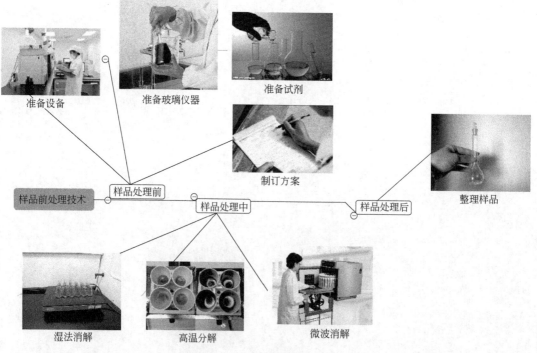

准备设备　准备玻璃仪器　准备试剂　制订方案　整理样品

样品前处理技术　样品处理前　样品处理中　样品处理后

湿法消解　高温分解　微波消解

图 2-1　样品前处理技术

想一想

2013年5月，湖南省攸县3家大米厂生产的大米在广东省广州市被查出镉超标事件被媒体披露。2013年5月16日，广州市食品药品监管局发布的13年食品及相关产品检测结果中，抽检大米合格率仅44.4％，18个批次中仅10个合格，其中8个不合格原因是镉含量超标。镉是一种对人有害的金属元素，摄入人体内部被吸收后，排出非常缓慢，在人体的生物半衰期约为16～38年，镉在人体的肾脏和肝脏中蓄积，造成积累性中毒，可使骨骼疼痛、骨折，甚至引发癌症。

那么怎么测定大米中镉呢，参照GB/T 5009.15—2014《食品中镉的测定》的规定，一般微量重金属测定采用石墨炉原子吸收法进行，在上机前，必须对大米进行前处理。大米前处理就是采用湿消解法，你知道什么是湿消解法吗？

任务一　湿消解法

任务要求

1. 理解湿消解法的原理、特点；
2. 熟悉各类湿消解法所用各种试剂特点；
3. 熟悉各类加热设备，会正确使用各类加热设备；
4. 能够正确进行样品湿消解法。

湿消解法是指在溶液状态下利用酸、碱、氧化剂进行氧化分解的方法。用液体或液体与固体混合物作氧化剂，在一定温度下分解样品中的有机质，此过程称为湿消解法。湿消解法与干灰化法不同。干灰化法是靠升高温度或增强氧的氧化能力来分解样品有机质，而湿消解法则是依靠氧化剂的氧化能力来分解样品，温度并不是主要因素。湿消解法按所用氧化剂分为酸消解法和碱消解法。

一、酸消解法

【课堂扫一扫】

二维码2-1　酸消解法

酸消解法也叫酸溶法，是利用酸的酸性、氧化还原性和配位性使试样中的被测组分转入溶液。常用作溶剂的酸有盐酸、硝酸、硫酸、磷酸、高氯酸、氢氟酸，以及他们的混合酸等。先用稀酸，再用浓酸，甚至于混合酸，每次先用一种溶剂在不加热在常温条件下溶解，若不溶再加热，即溶解时先是采用较缓和的方法，然后逐渐激烈，也可根据样品在不同溶剂中的溶解程度，判断样品的性质和可能组成，为后面的分析结果打好基础。

酸消解法常用的氧化剂有 HNO_3、H_2SO_4、$HClO_4$、H_2O_2 和 $KMnO_4$ 等。其中沸点在120℃以上的硝酸是广泛使用的预氧化剂，它可破坏样品中的有机质；硫酸具有强脱水能力，可使有机物炭化，使难溶物质部分降解并提高混合酸的沸点；热的高氯酸是最强的氧化剂和脱水剂，由于其沸点较高，可在除去硝酸以后继续氧化样品。在含有硫酸的混合酸中过氧化氢的氧化作用是基于过一硫酸的形成，由于硫酸的脱水作用，该混合溶液可迅速分解有机物质。当样品基体含有较多的无机物时，多采用含盐酸的混合酸进行消解；而氢氟酸主要用于分解含硅酸盐的样品。酸消解通常在玻璃或聚四氟乙烯容器中进行。

（一）酸消解法常用酸试剂

1. 盐酸

盐酸可以溶解位金属活动顺序表中氢以前的一切金属及多数金属氧化物、硫化物和碳酸盐等。所生成的氯化物除 $AgCl$ 外，都易溶于水。由于氯离于具有一定的还原性，故能使一些氧化性矿物（如软锰矿）还原，促使其溶解。

盐酸中 Cl^- 可与很多金属离子生成稳定的配位离子（如 $FeCl_4^-$、$SbCl_4^-$ 等），因而盐酸对于这些金属的矿石是相好的溶剂。Cl^- 还有弱的还原性，有利于一些氧化性矿物如软锰矿的溶解：

$$MnO_2 + 2Cl^- + 4H^+ == Mn^{2+} + 2H_2O + Cl_2 \uparrow$$

另外，$HCl + H_2O_2$、$HCl + Br_2$ 常用于分解铜合金及硫化物矿石等试样。

2. 硝酸

硝酸具有氧化性，所以硝酸溶解样品兼有酸化氧化作用，溶解能力强而且快。除某些贵金属及表面易钝化的铝、铬外，绝大部分金属能被硝酸溶解。若要溶去氧化物薄膜，必须加非氧化性的酸如 HCl。例如：

$$2Cr + 2HNO_3 == Cr_2O_3 + 2NO \uparrow + H_2O$$
$$Cr_2O_3 + 6HCl == 2CrCl_3 + 3H_2O$$

3. 硫酸

浓硫酸具有强氧化性和脱水能力，可使有机物分解，也常用于分解多种合金及矿石。利用硫酸的高沸点（338℃），可以借蒸发至白烟来除去低沸点的酸（如 HCl、HNO_3、HF）。利用硫酸的强脱水能力，可以吸收有机物中的水分而析出碳，以破坏有机物。碳在高温下氧化为二氧化碳气体而逸出。

稀硫酸可分解的物质：氢氧化物，如氢氧化铝等；氧化物，如氧化镁、氧化锌等；碳酸盐，如碳酸镁、碳酸钠等；硫化物，如硫化锌、硫化钠等；砷化物，如砷铜矿 Cu_3As、砷钴矿 $CoAs_2$、斜方砷铁矿 $FeAs_2$、砷化锌 Zn_3As_2 等；也可分解萤石、独居石、铀、钛等矿物；可溶解铁、钴、镍、锌等金属及其合金。

注意事项

在配制稀硫酸时，必须将浓硫酸缓慢加入水中，并用玻璃棒不断搅拌以散热，切不可相反进行，否则由于放出大量热，水会迅速蒸发致使溶液飞溅。如沾到皮肤上要立即用大量水冲洗。

4. 磷酸（H_3PO_4）

磷酸相对密度为 1.69，含量 85%，$c(H_3PO_4) = 15mol/L$。纯磷酸是无色糖浆状液体，是中强酸，也是一种较强的高温配位剂，能与许多金属离子生成可溶性配合物，在高温时分解试样的能力很强。

磷酸能溶解铬铁矿、钛铁矿、铌铁矿、金红石等矿石；也能溶解高碳、高铬、高钨的合金以及合金钢等。

注意事项

（1）在单独使用磷酸对试样进行分解时，必须严格控制加热温度和加热时间，如加热温度过高，时间过长，H_3PO_4 会脱水并形成难溶性的焦磷酸盐沉淀。

（2）对玻璃器皿腐蚀严重；同时试样溶解后如果冷却过久，再用水稀释，会析出凝胶，导致实验操作失败。为了克服上述问题，应将试样研磨得更细一些，加热温度低一些，加热时间短一些，并不断摇动，刚冒白烟时就应立即停止加热，同时溶液未完全冷却时，马上用水稀释；也可以将 H_3PO_4 与 H_2SO_4 等同时使用，既可提高反应的温度，又可以防止焦磷酸盐沉淀析出，以防止上述问题出现。

5. 氢氟酸

氢氟酸是较弱的酸，但具有较强的配位能力。氢氟酸常与硫酸或硝酸混合使用，在铂或聚四氟乙烯器皿中分解硅酸盐。

氢氟酸主要用于分解硅酸盐，分解时生成挥发性 SiF_4：
$$SiO_2 + 4HF = SiF_4 \uparrow + 2H_2O$$

注意事项

（1）氢氟酸能腐蚀玻璃、陶瓷等器皿，分解试样时，应在铂器皿或聚四氟乙烯塑料器皿中进行，不宜用玻璃、银、镍等器皿。

（2）HF 对人体有毒性和强腐蚀性，皮肤被氢氟酸灼伤溃烂，不易愈合，因为 HF 的腐蚀是穿透性的，刚开始不会有感觉，因此才是最危险的。氟离子会不断地溶解细胞膜，与骨头中的钙离子反应，然后钙离子流失，导致细胞液发生不正常现象。大概 24h 之后会感觉到刺骨的疼痛，因为大约这个时候影响到神经细胞，而且这个疼痛非常严重，是无法用吗啡止痛的。因此，实验室工作人员必须在有防护工具和通风良好的环境下进行操作，一但沾到皮肤，一定要立即用水冲洗干净，在皮肤表面涂抹大量的含可溶性钙盐的软膏，然后去急救室。

6. 高氯酸（$HClO_4$）

高氯酸又名过氯酸，纯高氯酸含量为 70%，是无色液体，相对密度为 1.67，$c(HClO_4) = 12mol/L$。浓高氯酸在常温时无氧化性，但在热、浓的情况下是强氧化剂和脱水剂。

稀 $HClO_4$ 没有氧化性，仅具有强酸性质，沸点为 203℃，可以用来蒸发以赶走低沸点酸。

高氯酸能溶解铬矿石、不锈钢、钨铁及氟矿石等；还可溶解硫化物、有机碳、氟化物、氧化物、碳酸盐以及铀、钍等稀土元素的磷酸盐等矿物；热、浓高氯酸可分解绝大多数金属。

【动画扫一扫】

二维码2-2　高氯酸
爆炸情景

注意事项

　　热、浓 $HClO_4$ 遇有机物（特别是碳含量高的有机物）常会发生爆炸，当使用 $HClO_4$ 一定要注意，当试样含有机物时，应先用浓硝酸蒸发破坏有机物，然后加入 $HClO_4$。同时在使用高氯酸进行湿法消解时，要缓慢加热，且防止蒸干。蒸发 $HClO_4$ 的浓烟容易在通风道中凝聚，故经常使用 $HClO_4$ 的通风橱和烟道，应定期用水冲洗，以免在热蒸气通过时，凝聚的 $HClO_4$ 与尘埃、有机物作用，引起燃烧和爆炸。70% $HClO_4$ 沸腾时（不遇有机物）没有任何爆炸危险。热、浓的 $HClO_4$ 造成的烫伤非常疼痛且不易愈合，使用时要十分小心，不能戴含有机质（棉、橡胶）的手套，但可以用丁腈防化手套。

（二）酸消解法常用方式

1. 稀酸消解法

　　对于不溶于水的无机试样，可用稀的无机酸溶液处理。几乎所有具有负标准电极电位的金属均可溶于非氧化性酸，但也有一些金属例外，如 Cd、Co、Pb 和 Ni 与盐酸的反应，反应速率过慢甚至钝化。许多金属氧化物、碳酸盐、硫化物等也可溶于稀酸介质中。为加速溶解，必要时可加热。

2. 浓酸消解法

　　为了溶解具有正标准电极电位的金属，可以采用热的浓酸，如 HNO_3、H_2SO_4 和 H_3PO_4 等。样品与酸可以在烧杯中加热沸腾，或加热回流，或共沸至干。为了增强处理效果，还可采用钢弹技术，即将样品与酸一起加入至内衬铂或聚四氟乙烯层的小钢弹中，然后密封，加热至酸的沸点以上。这种技术既可保持高温，又可维持一定压力，挥发性组分又不会损失。热浓酸溶解技术还适用于合金，某些金属氧化物、硫化物，磷酸盐以及硅酸盐等。若酸的氧化能力足够强，且加热时间足够长，有机样品和生物样品就完全被氧化，各种元素以简单的无机离子形式存在于酸溶液中。

3. 混合酸消解法

　　混合酸具有比单一酸更强的溶解能力，如单一酸不能溶解的硫化汞可以溶解于王水中。王水是 1 体积硝酸和 3 体积盐酸的混合酸，它不仅能溶解硫化汞，而且还能溶解金、铂等金属。混合酸消解法也是破坏生物、食品和饮料中有机体的有效方法之一。混合酸消解主要是指用不同酸或混合酸与过氧化氢或其他氧化剂混合，在加热状态下将含有大量有机物的样品中的待测组分转化为可测定形态的方法。含有大量有机物的生物样品通常采用混酸进行湿法消解。湿法分析要求测试对象为溶液状态，它在目前实验室工作中占大多数。混合酸往往兼有多种特性，如氧化性、还原性和络合性，其溶解能力更强。

　　湿法消解样品常用的消解试剂体系有：HNO_3、HNO_3-$HClO_4$、HNO_3-H_2SO_4、H_2SO_4-$KMnO_4$、H_2SO_4-H_2O_2、HNO_3-H_2SO_4-$HClO_4$、HNO_3-H_2SO_4-V_2O_5 等。

　　常用的混合酸是 HNO_3-$HClO_4$，HNO_3 消解能力强，使用安全、广泛并且几乎可以把所有金属消解为可溶性硝酸盐，但消解速度慢；而 $HClO_4$ 是强氧化剂，消解速度快，但不安全；HNO_3 与 $HClO_4$ 配伍是最佳配合，HNO_3 可以保证安全，$HClO_4$ 可以提升速度，所以 HNO_3-$HClO_4$ 消解体系是一种高效、安全、广泛的消解体系。

　　在实际中，为了安全起见，可预先加入 HNO_3 至反应终了后再加入 $HClO_4$，也可以同时加入，但在使用中要严格按比例加入，一般控制 HNO_3：$HClO_4$ =（4∶1）～（9∶1）不等，同时严格控制温度，一般不超过 120℃。对于醇、甘油或酯类有机物含量高的样品应预先用 HNO_3 浸泡过夜或更长时间，并延长在低温下的消解时间，当样品需要补酸时，应待样品溶液完全冷却后方可补酸（通常补加 HNO_3）。

用 HNO_3-H_2SO_4 的混合酸消解样品时，先用 HNO_3 氧化样品至只留下少许难以氧化的物质，待冷却后，再加入 H_2SO_4，共热至发烟，样品完全氧化。

由于湿法消解过程中的温度一般较低，待测物不容易挥发损失，也不易与所用容器发生反应，但有时待测物与消解混合液中产生的沉淀会发生共沉淀的现象。当用含硫酸的混合酸分解高钙样品时，样品中待测的铅会与分解过程中形成的硫酸钙产生共沉淀，从而影响铅的测定。

湿消解法操作简便，可一次处理较大量样品，适用于水样、食品、饲料、生物等样品中痕量金属元素分析。该法的缺点是：

① 若要将样品完全消解需要消耗大量的酸，且需高温加热（必要时温度＞300℃），为防止器壁及试剂沾污样品，消解前将所用容器用 1：1HNO_3 加热清洗，并将所用酸溶液进行亚沸蒸馏可除去其中的微量金属元素干扰；

② 某些混酸对消解后元素的光谱测定存在干扰，例如当溶液中含有较多的 $HClO_4$ 或 H_2SO_4 时会对元素的石墨炉原子吸收测定带来干扰，测定前将溶液蒸发至近干可除去此类干扰。

二、碱消解法

【课堂扫一扫】

二维码2-3　碱消解法

碱消解法也称碱溶法，是利用碱性物质的特性，使酸性氧化物或酸性氧化中的被测组分转入溶液。其主要溶剂有 NaOH 或 KOH、碳酸盐和氨等。少数试样可采用碱溶法分解。碱溶法常用于溶解两性金属，如铝、锌及其合金以及它们的氧化物和氢氧化物。

碱溶剂的加入顺序与酸溶剂加入顺序相同，先稀后浓，先单一后混合，先冷后热。

1. 氢氧化钠（NaOH）

氢氧化钠俗称烧碱、火碱、片碱、苛性钠，是一种具有高腐蚀性的强碱，一般为片状或颗粒形态，易溶于水并形成碱性溶液，同时易潮解，容易吸收空气中的水蒸气。

稀溶液分解铝及合金的氢氧化物和氧化物、锌及合金的氢氧化物和氧化物。浓溶液分解钨酸盐、磷酸锆、金属氮化物等。

NaOH 固体易从空气中吸收二氧化碳而逐渐变成碳酸钠，必须贮存在密闭的铁罐或玻璃瓶等容器中，不能用玻璃塞盖住瓶口，对皮肤、织物、纸张等有强腐蚀性，使用时必须小心。

2. 碳酸盐

碳酸盐可分为正盐 M_2CO_3 和酸式盐 $MHCO_3$（M 为金属）两类，是强碱弱酸盐，一般易溶于水。浓溶液能溶解可溶性硫酸盐，如 $CuSO_4$、$CaSO_4$，但不能溶解不溶性硫酸盐，如 $BaSO_4$ 和 $PbSO_4$ 等。

3. 氨

氨为弱碱性物质，配位能力强，易挥发。可以利用氨的配位作用分解铜、锌、镉等化合物。因为它对许多金属会产生腐蚀，盛装时要注意容器的选用。

三、消解加热设备

用于试样消解的仪器设备主要有电热板、马弗炉、高温消解炉、凯氏烧瓶等。

1. 电炉、电热板

电炉、电热板主要用于定量分析煮沸溶液，用于陈化沉淀、蒸发、干涸等化验作业。是化学分析的常用电热设备之一，也可用作消解与干灰化法加热设备，见图2-2。

(a) 电炉　　　　　　　　　　　　　　(b) 电热板

图 2-2　电炉与电热板

电炉、电热板的特点是廉价，升温速度快，特别适用于大批量样品的消解。若表面带特氟隆保护的电热板，最高表面温度250℃。

在使用过程，温度由低到高慢慢升温。湿法消解时，注意保持表面干净，溅上酸时应及时清理，也可以在加热板上铺一层锡箔进行防护。

2. 马弗炉

【操作扫一扫】

二维码2-4　马弗炉
的使用

马弗炉又称高温炉，最高加热温度可以达950～1200℃，用于不需要控制气氛，只需加热坩埚里的物料的情况，主要用于样品的干灰化及熔融见图2-3。

图 2-3　马弗炉

马弗炉使用时应注意：

（1）有机样品必须炭化完全方可放入马弗炉。

（2）保持炉腔干净，避免样品或试剂洒入炉膛。

（3）不要超过温度允许范围使用。

（4）在取放样品时，做好高温防护，避免烧伤。

3.高温消解炉、石墨消解仪

【操作扫一扫】

二维码2-5 石墨
消解仪的使用

高温消解炉、石墨消解仪如图 2-4 所示，用带有一定数量加热孔的石墨块作为加热模块，可实现立体环绕加热，可进行回流消解，有快速、高效、节能、方便、安全等优点，克服了传统的平板加热消解仪的种种缺陷。通过石墨块对 PTFE 材质的消解罐均匀快速有效地加热，消解罐中的样品在一定强酸的作用下可被快速地消解成无机盐溶液用于检测。

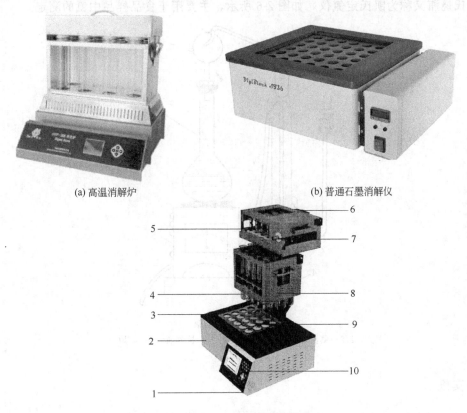

(a) 高温消解炉　　　　　　　　　　(b) 普通石墨消解仪

(c) 全自动石墨消解仪

图 2-4　高温消解炉和石墨消解仪

1—电源总开关；2—外壳；3—不锈钢装饰板；4—消解管；5—MD03 排废罩；6—冷却架；7—排废口；
8—试管架；9—石墨加热块；10—操作面板

其中石墨消解仪发展很快，在功能上可以实现非接触式温度、压力双重测控。还可实现触摸式控制板，液晶显示，可以任意设置温度、压力时间和功率并能实时控制和显示密闭反应罐内的温度和压力曲线；可单步或多步程序控制消解过程并能储存 50 种常用消解方法。消解灌有双层防爆保护，外加框架防爆，垂直防爆设计，拆装方便，冷却速度快，耐 8MPa 高压，耐 260℃ 高温。

石墨消解仪可广泛用于谷物、饲料、食品、水、土壤、化学药品等样品的消解，见图 2-5。

图 2-5　饲料样品消解流程图

4. 凯氏烧瓶

凯氏烧瓶又称为凯氏定氮仪，如图 2-6 所示，主要用于食品样品中氮的测定。

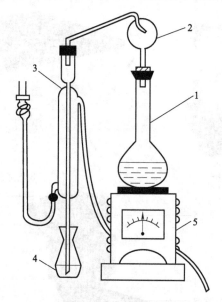

图 2-6　凯氏烧瓶
1,2—蒸汽发生器；3—冷凝管；4—接收瓶；5—电炉

任务实施

在 2013 年，震惊全国的"湖南大米镉事件"后，引起广东居民恐慌，为了让居民放心食用大米，学校本地小区居委会找到学校，特地让学校实验室检测一下小区市场上的大米是不是"镉"超标。

操作项目3　大米的湿法消解项目

【操作扫一扫】

二维码2-6　湿法
消解大米

一、项目目标

1. 理解湿消解法的原理；
2. 掌握湿消解法的操作；
3. 能用湿消解法对大米样品进行消解。

二、项目原理

前处理原理：大米前处理是采用湿消解法，其中使用 HNO_3-$HClO_4$ 混酸体系。

测定原理：试样经过灰化或消解后，注入石墨炉原子吸收分光光度计中，电热原子化后吸收 228.8nm 共振线，在一定浓度范围，其吸收值与镉含量成正比，与标准溶液吸收曲线进行对比得出浓度值。

三、仪器与试剂

1. 仪器准备

(1) 锥形瓶（100mL）；

(2) 电热板；

(3) 小漏斗；

(4) 容量瓶（50mL）；

(5) 天平（万分之一）。

2. 试剂准备

(1) 硝酸（$\rho=1.42g/L$）。

(2) 高氯酸（$\rho=1.70g/mL$）。

(3) 混合酸：硝酸：高氯酸＝4＋1，取 4 份硝酸与 1 份高氯酸混合。

(4) 镉标准储备液：准确称取 1.000g 金属镉（99.99%）分次加 20mL 盐酸（1＋1）中溶解，加 2 滴硝酸，移入 1000mL 容量瓶中，加水至刻度，混匀。每毫升此溶液含 1.0mg 镉。

(5) 镉标准使用液：每次吸取镉标准储备液 10.0mL 于 100mL 容量瓶中，加硝酸（0.5mol/L）至刻度，如此经多次稀释成每毫升含 100.0ng 镉的标准使用液。

四、操作步骤

(1) 大米去杂质后磨碎，过 20 目筛，贮存于封口袋中，备用。

(2) 称取 2.0g（精确到 0.0001g）大米粉于锥形瓶或高脚烧杯中，放数粒玻璃珠，加入 10mL 混合酸，加盖浸泡过夜。

(3) 在锥形瓶上加一小漏斗置于电炉上消解，若溶液变黑，将锥形瓶从电炉上取下，放冷后，再补加硝酸，放回电炉继续消解直至冒白烟且消解液呈无色透明或略带黄色，放冷后移入 25mL 容量瓶中，用去离子水定容。

(4) 同法做空白试验。

五、任务评价

序号	观测点	评价要点	成绩
1	称量	(1)称量操作是否正确 (2)称量结果是否合适(符合要求) (3)称量后是否正确记录称量数据,仪器是否恢复原始状态,并赶写仪器使用记录	10
2	加热	(1)电炉是否在通风橱中 (2)加热温度是否可以控制 (3)电炉或电热板是否有石棉或锡箔防护	30
3	加酸	(1)加酸时是否安全防护(防腐手套、防毒口罩、防护眼镜) (2)是否有炭化现象 (3)补酸时是否冷却	20
4	定容	(1)容量瓶操作是否正确 (2)样品溶液及残渣是否转移完全	20
5	结果及记录	(1)样品消解液是否无色透明(消解完全) (2)样品标签是否填写正确	20

六、注意事项

1.电热板温度不宜太高,严禁蒸干。

2.由于整个实验过程使用强酸种类多,用量大,酸的挥发性强,建议操作者在操作过程中还应戴上防毒口罩,尤其在取用高氯酸时,要防止溅落,小心操作。

3.容量瓶必须用酸泡过,以减弱器皿的吸附作用和降低空白值。

思考与交流

1.使用高氯酸消解试样时应注意什么问题?

2.试样消解是否完全会影响测定结果吗?

想一想

上面我们给大家介绍了湿法消解,它的优点是:分解时易提纯;易除去(除磷酸外);对容器的腐蚀比熔融法小;操作简便快速。此法的缺点是:对某些复杂物质(如某些矿物)分解能力差;分解过程中会造成某些元素的挥发损失。

当用湿法消解样品发生困难时,可以采用干法消解,特别在食品检测中常用前处理手段就是干法消解,你知道干法消解吗?

任务二　高温分解技术(干法)

任务要求

1.熟悉各类加热设备及坩埚使用范围;

2.能正确使用各类加热设备及各类坩埚;

3.能够正确进行样品各种高温分解前处理。

高温分解法是利用高温灼烧分解有机物,主要有熔融分解和干灰化分解两种方式,它们统称为"干法"。干法消解基本方式是高温灼烧分解技术,而高温灼烧需要耐高温特殊容器,所以我们首先给大家介绍高温分解法容器。

一、高温分解法容器选择

【课堂扫一扫】

二维码2-7 高温
分解容器的选择

由于高温熔融是在高温下进行的，而且熔剂和样品在高温下又具有极大的化学活性，所以选择熔融器皿至关重要。用熔融法分解试样时，应根据测定要求和实验室条件选用不同材料制成的坩埚，既要保证坩埚不受损失，又要保证样品不被沾污，从而保证分析结果的准确度。以下主要介绍各种不同材料坩埚的使用条件、注意事项。

1.坩埚的分类

样品处理使用的容器除了玻璃器皿外，一般用的是各类坩埚。坩埚按其组成材料大致可分为三类：烧土制品类坩埚、金属制品类坩埚和塑料制品类坩埚，见图 2-7。

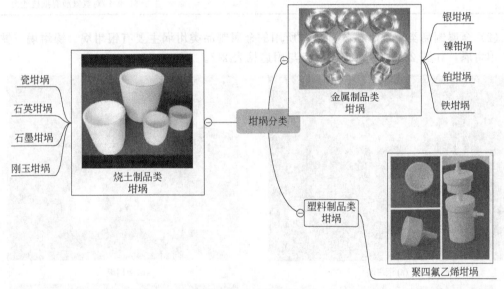

图 2-7 坩埚分类

2.各类坩埚特点

（1）烧土制品类坩埚 试样前处理用烧土制品类坩埚主要有瓷坩埚、石英坩埚、石墨坩埚、刚玉坩埚四类，它们的特点与用途见表 2-1。

表 2-1 烧土制品类坩埚的特点及用途

序号	坩埚名称	组成特点	用途	注意事项
1	瓷坩埚	瓷主要成分：$K_2O(Na_2O)$、Al_2O_3、SiO_2。釉主要成分：SiO_2、Al_2O_3、CaO、Na_2O、K_2O。瓷坩埚软化温度为 1530℃，使用上限温度为 1100℃	适用于 $K_2S_2O_7$ 等酸性熔剂熔融样品	一般不能用于以 $NaOH$、Na_2O_2、Na_2CO_3 等碱性物质作熔剂熔融试样，以免腐蚀瓷坩埚。瓷坩埚不能和氢氟酸接触。一般可用稀 HCl 煮沸洗涤

续表

序号	坩埚名称	组成特点	用途	注意事项
2	石英坩埚	由二氧化硅组成，软化温度为1500℃，使用上限温度为1300℃	适用于$K_2S_2O_7$、$KHSO_4$等酸性熔剂熔融样品，同时还可用$Na_2S_2O_7$（预先在212℃烘干）作熔剂处理样品	不能和氢氟酸、磷酸、浓碱液接触。 高温时，极易和苛性碱及碱金属的碳酸盐作用。 石英质地较脆，易破，使用时要注意
3	石墨坩埚	由碳组成，使用上限温度为700℃	对各种强酸具有抗腐蚀性，对强碱有一定的抵抗能力。 使用过程中除碳元素外不会引入其他金属和非金属杂质。 在一定条件下，可代替铂坩埚、银坩埚、镍坩埚和刚玉坩埚	高于700℃的分解过程要选用高温石墨坩埚
4	刚玉坩埚	主要成分为氧化铝，熔点约为2000℃，使用上限温度为1700℃	适于用无水Na_2CO_3等一些弱碱性物质作熔剂熔融样品	不适于用Na_2O_2、$NaOH$等强碱性物质和$K_2S_2O_7$等酸性物质作熔剂熔融样品。 氢氟酸能严重腐蚀普通刚玉，但经高温煅烧后的高纯刚玉（含Al_2O_3大于99.9%）对氢氟酸有抵抗能力

（2）金属制品类坩埚　试样前处理所用的金属制品类坩埚主要有银坩埚、镍坩埚、铁坩埚、铂坩埚，如图2-8所示，它们特点与用途见表2-2。

(a) 银坩埚

(b) 镍坩埚

(c) 铁坩埚

(d) 铂坩埚

图 2-8　金属制品类坩埚

表 2-2 金属制品类坩埚特点及用途

序号	坩埚名称	熔点	用途	注意事项
1	银坩埚	银的熔点为 960℃，银坩埚的使用上限温度为 750℃	主要用于 NaOH 作熔剂，熔融水泥、黏土、矿渣、铁粉等样品	① 不能用于以 Na_2CO_3 作熔剂熔融样品。 ② 不可用来熔融硼砂，浸取熔融物时不能使用酸，特别是不能接触浓酸。 ③ 不能使用银坩埚分解和灼烧含硫物质，不能使用碱性熔剂。 ④ 不能用来熔融铝、锌、锡、铅、汞等金属盐，因其会使银坩埚变脆。 ⑤ 红热的银坩埚不能用水骤冷，以免产生裂纹
2	镍坩埚	镍的熔点为 1455℃，镍坩埚的使用上限温度为 700℃	适用于 NaOH、Na_2O_2、Na_2CO_3、$NaHCO_3$ 以及含有 KNO_3 的碱性熔剂熔融样品如铁合金、矿渣、黏土、耐火材料等	① 高温时镍容易被氧化，因此其熔样温度不宜超过 700℃。 ② 不适用于 $KHSO_4$ 或 $NaHSO_4$、$K_2S_2O_7$ 或 $Na_2S_2O_7$ 等酸性熔剂以及含硫的碱性硫化物熔剂熔融样品。浸取熔融物时不能使用酸。 ③ 熔融状态的铝、锌、锡、铅、汞等的金属盐和硼砂都能使镍坩埚变脆，固不能在镍坩埚中熔融上述物质。 ④ 镍坩埚使用前可放在水中煮沸数分钟，以除去污物，必要时可加少量盐酸煮沸片刻。 ⑤ 新的镍坩埚使用前应先在高温中烧 2～3min，以除去表面的油污并使表面氧化，延长使用寿命
3	铁坩埚	铁的熔点为 1553℃，铁坩埚的使用上限温度为 700℃	铁虽然易生锈，耐碱腐蚀性不如镍，但是因为它价格低廉，铁坩埚仍可在过氧化钠熔融时代替镍坩埚使用。其使用规则与镍坩埚相同	① 铁坩埚在使用前应先进行钝化处理。即先用稀 HCl 洗，后用细砂纸将坩埚擦净，再用热水洗净，然后放入 5% H_2SO_4 和 1% HNO_3 的混合液中，浸泡数分钟，再用水洗净烘干后在 300～400℃ 的马弗炉中灼烧 10min。 ② 清洗铁坩埚用冷的稀 HCl 即可
4	铂坩埚	铂的熔点高达 1772℃，铂坩埚的使用上限温度为 1200℃	能耐氢氟酸和熔融的碱金属碳酸盐的腐蚀是铂有别于玻璃、瓷等的重要性质，因而常用作沉淀、灼烧、称重，氢氟酸熔样以及碳酸盐的熔融处理等样品处理过程中的样品加热容器	① 在高温时不能与以下物质接触：固体 K_2O、Na_2O、KNO_3、$NaNO_3$、KCN、NaCN、Na_2O_2、$Ba(OH)_2$、LiOH；王水、卤素溶液或能产生卤素的溶液，如 $KClO_3$、$KMnO_4$、$K_2Cr_2O_7$、$FeCl_3$ 的盐酸溶液。 ② 灼烧铂坩埚时，不能与其他金属接触，以免与其他金属生成合金，不能与以下金属及其化合物、盐类等接触：银、汞、铅、锑、锡、铋、铜等。 ③ 不能与含碳的硅酸盐、磷、砷、硫及其化合物、Na_2S、NaSCN 等化合物接触。 ④ 铂质地较软，拿取时不能太用力，也不可用玻璃棒等坚硬物质从铂坩埚中刮出物质，防止变形而引起表面凹凸，如有变形，可将铂坩埚放在木板上，一边滚动，一边用牛角匙压坩埚内壁整形；还可用木质器皿轻轻整形。取下灼热的铂坩埚时，必须用包有铂尖坩埚钳夹取。 ⑤ 不能用冷水冷却红热的铂坩埚，以免产生裂缝。清洗铂坩埚时，可单独用纯稀盐酸或稀硝酸溶液煮沸清洗，切不可将两种酸混合。如仍清洗不干净，可用焦硫酸钾($K_2S_2O_7$)熔融处理

（3）塑料制品类坩埚　试样前处理所用的塑料制品类坩埚主要是聚四氟乙烯坩埚。聚四氟乙烯是热塑性塑料，色泽白，有蜡状感，化学性能稳定，耐热性好，机械强度好，最高工作温度可达 250℃。聚四氟乙烯坩埚一般在 200℃以下使用，可以代替铂器皿用于处理氢氟酸。它的特点与用途如下：

① 耐热近 400℃，最高工作温度不能超过 250℃，超过此温度即开始分解。

② 除熔融态钠和液态氟外，能耐一切浓酸、浓碱、强氧化剂以及王水的腐蚀，主要用于以氢氟酸作熔剂熔解试样，如 HF＋HClO$_4$ 等，但用于以 HF-H$_2$SO$_4$ 作熔剂时不能冒烟，否则损坏坩埚。

③ 熔样时不会带入金属杂质，避免了干扰离子的引入。

④ 耐高压（可作微波消解器的内罐）。

⑤ 表面光滑耐磨，不易损坏，机械强度较好。

3. 坩埚的选择

在进行试样高温加热分解时，首先要进行坩埚的选择，坩埚的选择主要考虑下列因素：依据加热样品和测定对象；依据试样体系加热温度；依据加热过程所加消解试剂（酸或碱）。

（1）依据加热的温度　依据加热的温度是依据试样消解体系或熔融分解最高温度来选择坩埚，在表 2-1 和表 2-2 中列述各类坩埚使用温度，如铂坩埚的使用温度为 1740℃，镍坩埚的使用温度为 1450℃，聚四氟乙烯坩埚的使用温度为 250℃，在选择坩埚时，体系加热温度不能超过坩埚的使用温度。

（2）依据加热样品和测定对象　依据加热样品和测定对象主要考虑坩埚组成不能与样品特别是样品中待测元素相同，或坩埚中成分不能与样品（特别是待测元素）发生化学反应，避免造成样品污染与损失，如土壤样品不能在烧土制品中加热，若测定样品是金属就不能放在金属制品中。

（3）依据加热过程所加消解试剂（酸或碱）　一般情况，消解用酸时，不应选择金属坩埚，而应用陶瓷、玻璃等烧土制品类坩埚。消解用碱时，应选择金属类坩埚。例如分解铬铁矿、陶瓷时，用 Na$_2$O$_2$ 碱性熔剂，就要选择铁、银、刚玉坩埚；而分解金红石（二氧化钛）、锡石时，要用酸性熔剂，则要选用石英或铂坩埚。

HF 不能在烧土制品中加热也不能在金属制品中加热，适宜选择聚四氟乙烯坩埚或在铂器皿，不宜用玻璃、银、镍等器皿。例如进行土壤样品消解时，通常要用 HF，这时必须用聚四氟乙烯坩埚或铂器皿。

坩埚的选择除了考虑上述因素外，还要考虑安全、经济、实用等。一般情况如下：

① 玻璃烧杯：一般作溶解用。

② 锥形瓶：除 HF 以外的湿法消解。

③ 瓷坩埚：干灰化用，不适用于测 Al、Cu。

④ 石英坩埚：干灰化或熔融。

⑤ 铂坩埚：湿法消解、干灰化、熔融。

⑥ 聚四氟乙烯：湿法消解，耐氢氟酸。

二、熔融分解法

【课堂扫一扫】

二维码2-8　熔融
分解法1

熔融分解法（简称熔融法）是利用酸性或碱性熔剂与试样混匀后，置于特定材料制成的坩埚中，在高温下进行复分解反应，将试样中的全部组分转化为易溶于水或酸的化合物，再用水或酸浸取，使其定量进入溶液。熔融法一般用来分解那些难以用溶解法分解的试样。

熔融法分解试样的优点是比湿法前处理分解效果更好，可与后续的分离方法相衔接，缺点是会引入大量的碱金属盐类和坩埚材料，而且需要高温设备。

根据所加入的熔剂化学性质不同，熔融分解法又分为碱熔法和酸熔法。

1. 碱熔法

碱熔法是用碱性物质作为熔剂熔融分解试样的方法。碱性熔剂种类很多，它们的性质不同，用途也各不一样。常用的碱性熔剂有 Na_2CO_3（熔点为 850℃）、K_2CO_3（熔点为891℃）、NaOH（熔点为 318℃）、Na_2O_2（熔点为 460℃）以及它们的混合物等。碱熔法是用碱性熔剂熔融分解酸性试样，主要用于分解酸性氧化物（如二氧化硅）含量相对较高的样品。

碱熔法按熔融温度有两种方法，一种是升温高于熔剂温度达到完全融熔状态的方法，称为完全碱熔法；另一种升温低于熔剂温度达到烧结状态的方法，称为烧结法。

（1）完全碱熔法　完全碱熔法常用的碱性熔剂有 Na_2CO_3（熔点为 850℃）、K_2CO_3（熔点为891℃）、NaOH（熔点为 318℃）、Na_2O_2（熔点为 460℃）、硼砂（$Na_2B_4O_7$）以及它们的混合物等。它们特点见表 2-3。

表 2-3　各类碱熔剂特点

序号	熔剂	熔点	分解对象（反应）	注意事项
1	碳酸钠（Na_2CO_3）或碳酸钾（K_2CO_3）	Na_2CO_3（850℃）、K_2CO_3（890℃）	常用于分解矿石试样，如锆石、铬铁矿、铝土矿、硅酸盐、氧化物、氟化物、碳酸盐、磷酸盐和硫酸盐等。例如碳酸钠或碳酸钾常用来分解硅酸盐，如钠长石（$Al_2O_3 \cdot 2SiO_2$）分解反应是：$Al_2O_3 \cdot 2SiO_2 + 3Na_2CO_3 \xrightarrow{\triangle} 2NaAlO_2 + 2Na_2SiO_3 + 3CO_2 \uparrow$	① 熔融器皿宜用铂坩埚，但含硫混合熔剂时会腐蚀铂器皿，应避免采用铂器皿，可用铁或镍坩埚。② 还可以将 Na_2CO_3 和其他熔剂混合使用，以达到更好的融熔效果
2	过氧化钠（Na_2O_2）	熔点为 460℃，是强氧化性、强腐蚀性的碱性熔剂	能分解许多难溶物质，如难溶解的金属、合金及矿石，如锡石（SnO_2）、铬铁矿、钛铁矿、钨矿、锆石、绿柱石、独居石、硫化物（如辉钼矿）等矿石，也能分解 Fe、Ni、Cr、Mo、W 的合金。例如铬铁矿的分解反应：$2FeO \cdot Cr_2O_3 + 5Na_2O_2 \xrightarrow{\triangle} 2NaFeO_2 + Na_2CrO_4$。用水浸取后得到 CrO_4^{2-} 溶液和 $Fe(OH)_3$ 沉淀，分离后可以公别测定铬和铁	① Na_2O_2 不易提纯，有时为了减缓作用的剧烈程度，可将它与 Na_2CO_3 混合使用。② 用 Na_2O_2 作熔剂时，不宜与有机物混合，以免发生爆炸。③ 对坩埚腐蚀严重，一般用铁、镍或刚玉坩埚
3	氢氧化钠（NaOH）或氢氧化钾（KOH）	NaOH（321℃）KOH（404℃）	常用于分解硅酸盐、碳化硅以及铝、铬、钡、铌、钽等两性氧化物试样	① 用 NaOH 熔融时，通常采用铁、银（700℃）、镍（600℃）、金和刚玉坩埚中进行，不能使用铂坩埚。② 因 NaOH 易吸水，熔融前要将其在银或镍坩埚中加热脱水后再加试样，以免引起喷溅

续表

序号	熔剂	熔点	分解对象（反应）	注意事项
4	硼砂（$Na_2B_4O_7$）		主要用于难分解的矿物，如刚玉、冰晶石、锆英石、炉渣等。 在熔融时不起氧化作用，是一种有效熔剂	① 使用时通常先脱水，再与Na_2CO_3以 1∶1 研磨混匀使用。 ② 熔融器皿一般为铂坩埚
5	偏硼酸锂（$LiBO_2$）		可以分解多种矿物，如硅酸盐类矿物（玻璃及陶瓷材料）、尖晶石、铬铁矿、钛铁矿等	① 一般市售的偏硼酸锂（$LiBO_2 \cdot 8H_2O$）含结晶水，使用前应先低温加热脱水。 ② 熔融器皿可以用铂坩埚，但熔融物冷却后黏附在坩埚壁上，较难脱坩埚和被酸浸取，最好用石墨坩埚

（2）混合熔剂烧结法　混合熔剂烧结法又称半熔融法，是用两种碱性熔剂和试样在低于熔点的温度下，在半熔状态进行反应的方法。在高温下熔融和分解试样同时会造成对坩埚的侵蚀。侵蚀下来的杂质会给以后的分析测定带来困难，使用半熔融法，就是让试样与熔剂在低于熔点的温度下进行反应，以减小对坩埚的侵蚀。此法多用于较易熔样品的处理。

【拓展扫一扫】

二维码2-9　熔融
分解法2

和熔融法比较，该法的优点是：熔剂用量少，带入的干扰离子少；熔样时间短，操作速度快，烧结快，易脱坩埚，便于提取，同时也减轻了对坩埚的损坏，可在瓷坩埚中进行。

常用的半熔混合剂有：ZnO(或 MgO)-Na_2CO_3（1∶2）、$CaCO_3$-NH_4Cl。

① ZnO-Na_2CO_3 烧结法　ZnO-Na_2CO_3 烧结法常用于矿石或煤中全硫量的测定。若试样中含有游离硫，加热时易挥发损失，应在混合熔剂中加入少许 $KMnO_4$ 粉末，开始时缓缓升温，使游离硫氧化为 SO_4^{2-}。试样和固体试剂混合后加热到 800℃，此时 Na_2CO_3 起熔剂的作用，MgO 或 ZnO 的熔点高，可预防 Na_2CO_3 在灼烧时融合，使试剂保持着松散状态，使矿石氧化得更快、更完全，并使反应产生的气体也容易逸出。同时，ZnO 可以使空气中的氧将硫化物氧化为硫酸盐，用水浸取反应产物时，硫酸根离子形成钠盐进入溶液，SiO_3^{2-} 大部分析出生产 $ZnSiO_3$ 沉淀，故能除去大部分硅酸。

② $CaCO_3$-NH_4Cl 烧结法　如欲测定硅酸中的 K^+、Na^+ 时，不能用含有 K^+、Na^+ 的熔剂，可用 $CaCO_3$-NH_4Cl 烧结法，烧结温度为 750～800℃，反应产物仍为粉末，但 K^+、Na^+ 已转变为氯化物，可用水浸取。以分解钾长石为例，其反应为：

$$2KAlSi_3O_8 + 6CaCO_3 + 2NH_4Cl \xrightarrow{\quad\quad} 6CaSiO_3 + Al_2O_3 + 2KCl + 6CO_2\uparrow + 2NH_3\uparrow + H_2O$$

烧结法可在瓷坩埚中进行，不需要用贵重器皿。

2. 酸熔法

使用酸性物质作为熔剂熔融分解试样的方法称为酸熔法，主要用于对碱性氧化物含量较多的试样的分解处理，如 Al_2O_3、红宝石等。酸熔法中主要使用的熔剂是焦硫酸钾（$K_2S_2O_7$，熔点为 419℃）、硫酸氢钾（$KHSO_4$）。

（1）焦硫酸钾（$K_2S_2O_7$）　焦硫酸钾（$K_2S_2O_7$）在300℃以上时，$K_2S_2O_7$中部分SO_3可与碱性或中性氧化物（如TiO_2、Al_2O_3、Cr_2O_3、Fe_3O_4、ZrO_2等）反应，生成可溶性硫酸盐。例如，灼烧过的Fe_2O_3不溶于酸，但能溶于$K_2S_2O_7$，即：

$$3K_2S_2O_7 + Fe_2O_3 \xrightarrow{\triangle} Fe_2(SO_4)_3 + 3K_2SO_4$$

焦硫酸钾常用于分解铝、铁、钛、铬、锆、铌的氧化物类矿石以及硅酸盐、煤灰、炉渣和中性或碱性耐火材料等；不能用于硅酸盐系统的分析，因为其分解不完全，往往残留少量黑色残渣，但可以用于硅酸盐的单项测定，如测定Fe、Mn、Ti等。

在熔融刚一开始时，应在小火焰上加热，以防熔融物溅出。待气泡停止冒出后，再逐渐将温度升高到450℃左右（这时坩埚底部呈暗红色），直至坩埚内熔融物呈透明状态，分解即趋完成。在熔融时应适当调节温度，尽量减少SO_3的挥发和硫酸盐分解为难溶性的氧化物。尽量避免在高温下长时间熔融。熔融后，将熔块冷却，加少量酸后用水浸出，以免某些水解元素发生水解而产生沉淀。熔融器皿可用瓷坩埚和石英坩埚，也可用铂皿，但稍有腐蚀。

（2）其他酸性熔剂　除焦硫酸钾（$K_2S_2O_7$）外，可用作酸性熔剂的还有硫酸氢钾（$KHSO_4$）、硼酸（$H_2B_2O_4$）、氟化氢钾（KHF_2）、强酸的铵盐等。

① 硫酸氢钾（$KHSO_4$）：在加热时发生分解，可得到$K_2S_2O_7$，因此$KHSO_4$可以代替$K_2S_2O_7$作为酸性熔剂使用，原理如下：

$$2KHSO_4 \rightleftharpoons K_2S_2O_7 + H_2O\uparrow$$

② 硼酸（$H_2B_2O_4$）：脱水生成B_2O_3，对碱性矿物溶解性较好，如铝土矿、铬铁矿、钛铁矿、硅铝酸盐。

③ 氟化氢钾（KHF_2）：在铂坩埚中低温熔融可分解硅酸盐、钍和稀土化合物等。

④ 铵盐：在加热过程中可以分解出相应的无水酸，其在较高温度下能与试样反应生成水溶性盐，可以分解硫化物、硅酸盐、碳酸盐、氧化物。

熔融试样时，为防止熔融体从坩埚中溢出，可采取以下措施：

① 对用作熔剂的NaOH要注意保存，不要使其长时间暴露在空气中，以免吸水过多，在熔融时产生飞溅而损失。

② 银坩埚盖不要盖严，应留有一定的缝隙。因此，在加热时可将坩埚盖弯成一定弧度后盖上。

③ 熔融时应从较低温度开始升起，在一定温度下保温一段时间，使水分充分溢出。

④ 坩埚应放在炉膛底部的耐火板上，而不能直接放在炉膛底板上，尽量位于炉膛中部，不要与炉膛内壁接触或过分靠近，以免熔融温度过高。

三、干灰化法

干灰化法是在一定温度和气氛下加热，使待测物质分解、灰化，留下的残渣再用适当的溶剂溶解。这种方法不用熔剂，空白值低，很适合食品中微量元素的分析。在一定温度和气氛下加热待测物质，分解和去除食品中的有机物质，留下的残渣再用适当的溶剂溶解，以测定有机物中的无机元素，常用于分解有机试样或生物试样。根据灰化条件不同，灰化分解法主要有高温干灰化法、低温灰化法、氧瓶燃烧法和燃烧法等几种。

一般将灰化温度高于500℃的方法称为高温干灰化法。高温干灰化法对于破坏生化、环境和食品等样品中的有机基体是行之有效的，常用于测定粮食、水果、蔬菜等食品或生物试样中多种金属元素，如锑、铬、铁、钠、锶、锌等有益元素，以及镉、铅等有害元素。

低温灰化法将样品放在低温灰化炉中，先将炉内抽至近真空（10kPa左右），然后再不断地通入氧气，控制氧气的流速为0.3～0.8L/min，再用微波或高频激发光源照射，使氧气活化而产生活化氧，这样在低于150℃的温度下便可使样品缓慢地完全灰化，从而克服了高温灰化法的缺点。低温灰化必须在专用的低温灰化器中进行。

氧瓶燃烧法是在充满O_2的密闭瓶内，用电火花引燃有机试样，瓶内可用适当的吸收剂以吸收其燃烧产物，然后用适当方法测定。这种方法广泛用于有机物中卤素、硫、磷、硼等元素的测定。

燃烧法又称氧弹法，是将样品装入样品杯，置于盛有吸收液的铂内衬氧弹中，旋紧氧弹盖，充入氧气，用电火花点燃样品，使样品灰化，待吸收液将灰化产物完全溶解后，即可用于测定。燃烧法用于测定含汞、硫、砷、氟、硒、硼等元素的生物样品。

在以上几种干灰化法中，最常用是高温干灰化法，这里作为重点介绍。

1. 高温干灰化法原理及特点

【动画扫一扫】

二维码2-10　干灰化
过程

样品一般先经100～105℃干燥，除去水分及挥发物质。灰化温度及时间是需要选择的，一般灰化温度约450～600℃。通常将盛有样品的坩埚（一般可采用铂金坩埚、陶瓷坩埚等）放在电炉上（图2-9），或马弗炉内（图2-10），进行灼烧、冒烟直到所有有机物燃烧、灰化完全，只留下不挥发的无机残留物。这种残留物主要是金属氧化物以及非挥发性硫酸盐、磷酸盐和硅酸盐等，所以不适用于土壤样品和矿质样品的测定。

图 2-9　干灰化法（电炉）

图 2-10　干灰化法（马弗炉）

该法主要优点是：能处理较大量样品、操作简单、安全。灰化温度一般在500～600℃，温度升高将会引入坩埚损失而造成污染。干样量一般不超过10g，鲜样量不超过50g。样品量过大，易引起灰化困难或时间太长，这势必引入新的误差。这种技术最主要的缺点是使可以转变成挥发性形式的成分会很快地部分或全部损失。灰化温度不宜过低，温度低则灰化不完全，残存的小炭粒易吸附金属元素，很难用稀酸溶解，造成结果偏低；灰化温度过高，则损失严重。干灰化法一般适用于金属氧化物，因为大多数非金属甚至某些金属常会氧化成挥发性产物，如As、Sb、Ge、Ti和Hg等易造成损失。

高温干灰化法的优点是能灰化大量样品，方法简单，无试剂沾污，空白值低，但对于低沸点的元素常有损失，其损失程度取决于灰化温度和时间，还取决于元素在样品中的存在形式。时间通常控制在4～8h。含脂肪、糖类多的样品灰化需要较长时间，而含纤维素、蛋白质多的样品灰化需要较短时间。灰化是否完全通常以灰分的颜色判断。当灰分呈白色或灰白色但不含炭粒，则认为灰化完全。

2. 高温干灰化法操作注意事项

干灰化法是在高温破坏分解有机物，将残留矿物质成分溶解在稀酸中，使被测元素呈可溶态。在高温状态，极易产生元素损失，且会形成酸不溶性混合物，产生滞留损失。如何减少损失，从而提高方法的准确度是干灰化法所要解决的重要问题。样品在用高温电炉灰化以前，必须先在电热板上低温炭化至无烟（预灰化），然后移入冷的高温电炉中，缓缓升温至预定温度（500~550℃），否则样品因燃烧而过热导致金属元素挥发。如同时灰化许多试样，应常变换坩埚在高温电炉中的位置，使样品均匀受热，防止样品局部过热。应保证瓷皿的釉层完好，如使用有蚀痕或部分脱釉的瓷皿灰化试样时，器壁更易吸附金属元素，形成难溶的硅酸盐而导致损失。灰化前，可加入灰化助剂，常用的有 HNO_3、H_2SO_4、$(NH_4)_2SO_4$、$(NH_4)_2HPO_4$ 等，HNO_3 可促进有机物氧化分解，降低灰化温度，其他几种使易挥发元素转变为挥发性较小的硫酸盐和磷酸盐，从而减少挥发损失。如个别试样灰化不彻底，有炭粒，取出放冷，再加硝酸，小火蒸干，再移入高温电炉中继续完成灰化。所以操作要注意以下事项：

（1）高温灰化前样品应进行预炭化。

（2）样品炭化、加硝酸溶解残渣等操作应在通风橱内进行。

（3）高温炉内各区的温度有较大的差别，应根据待测组分的性质，采用适宜的灰化温度。

（4）采用瓷坩埚灰化时，不宜使用新的，以免新瓷坩埚吸附金属元素，造成实验误差。

（5）如样品较难灰化，可将坩埚取出，冷却后，加入少量硝酸或水湿润残渣，加热处理，干燥后再移入高温炉内灰化。

（6）湿润或溶解残渣时，需待坩埚冷却至室温方可进行，不能将溶剂直接滴加在残渣上。

（7）从高温炉中取出坩埚时，避免高温灼伤。

（8）坩埚从炉内取出前，先放置于炉口冷却，并在耐火板上冷却至室温。

（9）切忌将坩埚直接置于木制台面、有机合成台面上以免烫坏台面，也不宜直接置于热导率较高的台面上，以免陡然遇冷引起坩埚破裂。

3. 干灰化法应用实例——食品干灰化法

干灰化法是利用高温除去样品中的有机质，剩余的灰分用酸溶解，作为样品待测溶液。该法适用于食品样和植物样品等有机物含量多的样品。

例如水果、蔬菜及其制品中锌含量的测定，见图 2-11。

任务实施

食品中的灰分是指食品经高温灼烧后遗留下来的无机物，主要是无机盐及其氧化物，所以也称灰分为无机物或矿物质。因此，灰分是标示食品中无机成分总量的一项指标。测定灰分具有十分重要的意义，它是直接用于营养评估分析的一部分。当某种食品其所用原料、加工方法及测定条件确定后，灰分含量常在一定范围内。如果灰分含量超出了正常范围，说明了食品生产中使用了不合乎卫生标准要求的原料或食品添加剂，或食品在加工、贮运过程中受到污染。因此，测定灰分可以判断食品受污染的程度。此外，灰分还可以评价食品的加工精度和食品的品质，是食品质量控制的重要指标。如面粉加工中常以总灰分含量评定面粉等级；总灰分含量可说明果胶、明胶等胶制品的胶冻性能；水溶性灰分含量可反映果酱、果冻等制品中果汁的含量。此外在一些特殊元素如钙、磷、铁、铜等成分的分析中，首先就是灰化分析，因此在做灰分分析时，可对灰化后所得残渣进行分析。

应用实例：

水果、蔬菜及其制品中锌含量的测定

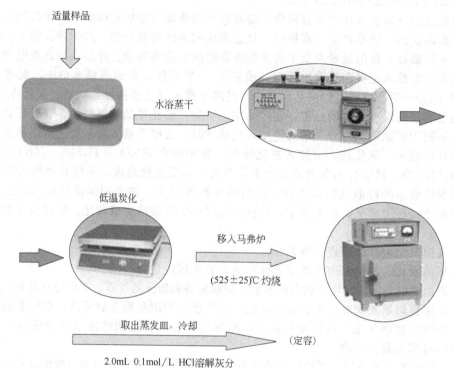

图 2-11　水果、蔬菜及其制品中锌含量的测定流程图

操作项目 4　茶叶中粗灰分的测定

【操作扫一扫】

二维码2-11　茶叶
中灰分的测定

一、项目目的

1. 掌握食品中粗灰分测定的方法；
2. 理解干灰化法的原理；
3. 掌握马弗炉的使用方法。

二、项目原理

食品灰分是在高温下将食品经灼烧后所残留的无机物质。本法是利用干灰化法，在高温下将食品灼烧后，计算得到灰分数值。灰分数值用灼烧、称重后计算得出。

三、仪器

（1）高温炉：最高使用温度≥950℃。

（2）分析天平：感量为 0.1mg。

（3）石英坩埚或瓷坩埚。

（4）干燥器（内有干燥剂）。

（5）电热板。

四、操作步骤

1.坩埚前处理

取大小适宜的石英坩埚或瓷坩埚置于高温炉中，在（550±25）℃下灼烧30min，冷却至200℃左右，取出，放入干燥器中冷却30min，准确称量。重复灼烧至前后两次称量相差不超过0.5mg为恒重。

2.样品炭化

准确称取2~3g（精确至0.0001g）茶叶样品于恒重坩埚中，先在电热板上以小火加热使试样充分炭化至无烟。

3.样品灰化

将炭化好样品置于高温炉中，在550℃±25℃灼烧4h，冷却至200℃左右，取出，放入干燥器中冷却30min，如发现灼烧残渣有炭粒时，应向试样中滴入少许水湿润，使结块松散，蒸干水分再次灼烧至无炭粒即表示灰化完全。

4.称量

将灰化完全的样品放入干燥器中冷却后称量。重复灼烧至前后两次称量相差不超过0.5mg为恒重。

五、数据处理及结果分析（以下可选做）

试样中粗灰分含量按式（2-1）进行计算：

$$灰分 = \frac{m_3 - m_1}{m_2 - m_1} \times 100\% \tag{2-1}$$

式中 m_1——空坩埚质量，g；

m_2——样品加空坩埚质量，g；

m_3——残灰加空坩埚质量，g。

六、任务评价

序号	观测点	评价要点	成绩
1	试样制备	(1)按规定正确取样 (2)会使用粉碎机	10
2	瓷坩埚的准备	(1)瓷坩埚酸煮、标记 (2)瓷坩埚灼烧至恒重 (3)马弗炉使用正确	20
3	试样炭化	(1)炭化操作正确 (2)能正确判断炭化是否完全	30
4	灰化	(1)灼烧温度选择合理 (2)马弗炉操作正确 (3)灰化操作正确 (4)能正确判断灰化是否完全	20
5	结果分析	(1)原始数据记录准确、完整、美观 (2)公式正确,计算过程正确 (3)正确保留有效数字	10
6	工作单	(1)能查阅相关标准并回答问题 (2)能够对操作过程进行记录与分析 (3)对所完成任务归纳、分析及总结	10

💡 想一想

在对土壤样品进行消解时，用普通的湿消解法，污染大、耗时长、效果差，于是建议用国标中另一种方法微波消解法，你知道微波消解技术吗？

任务三　微波消解技术

💡 任务要求

1. 了解微波消解原理及应用。
2. 能够使用微波消解仪对样品进行微波消解。

一、微波及微波特性

微波是一种电磁波，是频率在 300MHz～300GHz 的电磁波，即波长在 0.1～100cm 范围内，也就是说波长在远红外线与无线电波之间。微波波段中，波长在 1～25cm 的波段专门用于雷达，其余部分用于电信传输。为了防止民用微波功率对无线电通信、广播、电视和雷达等造成干扰，国际上规定工业、科学研究、医学及家用等民用微波的频率为（2450±50）MHz。因此，微波消解仪所使用的频率基本上都是 2450MHz，家用微波炉也如此。

微波有以下特性：

（1）金属材料不吸收微波，只能反射微波，如铜、铁、铝等。用金属（不锈钢板）作微波炉的炉腔，来回反射的微波可以加热物质。不能将金属容器放入微波炉中，反射的微波对磁控管有损害。

（2）绝缘体可以透过微波，它几乎不吸收微波的能量。如玻璃、陶瓷、塑料（聚乙烯、聚苯乙烯）、聚四氟乙烯、石英、纸张等，它们对微波是透明的，微波可以穿透它们向前传播。这些物质都不会吸收微波的能量，或吸收微波的能量极少。物质吸收微波的强弱实质上与该物质的复介电常数有关，即损耗因子越大，吸收微波的能力越强。家用微波炉容器大都是塑料制品。微波密闭消解溶样罐用的材料是聚四氟乙烯、工程塑料等。

（3）极性分子的物质会吸收微波（属损耗因子大的物质），如水、酸等。它们的分子具有永久偶极矩（即分子的正负电荷的中心不重合）。极性分子在微波场中随着微波的频率而快速变换取向，来回转动，使分子间相互碰撞摩擦，吸收了微波的能量而使温度升高。我们吃的食物，其中都含有水分，水是强极性分子，因此能在微波炉中加热。我们可以进一步理解微波消解试样的原理。

二、微波消解试样的原理和特点

【课堂扫一扫】

二维码2-12　微波
消解原理及特点

当微波通过试样时，极性分子随微波频率快速变换取向，2450MHz 的微波，分子每秒钟变换方向 2.45×10^9 次，分子来回转动，与周围分子相互碰撞摩擦，分子的总能量增加，使试样温度急剧上升。同时，试液中的带电粒子（水合离子等）在交变的电磁场中，受电场力的作用而来回迁移运动，也会与邻近分子撞击，使得试样温度升高。同时，由于试剂与试样的极性分子都在 2450MHz 电磁场中快速地随变化的电磁场变换取向，分子间互相碰撞摩擦，相当于试剂与试样的表面都在不断更新，试样表面不断接触新的试剂，促使试剂与试样的化学反应加速进行。交变的电磁场相当于高速搅拌器，每秒钟搅拌 2.45×10^9 次，提高了化学反应的速率，使得消解速度加快。

由此可知，加热的快慢和消解的快慢，不仅与微波的功率有关，还与试样的组成、浓度以及所用试剂的种类和用量有关。要把一个试样在短的时间内消解完，应该选择合适的酸、合适的微波功率与时间。利用微波的穿透性和激活反应能力加热密闭容器内的试剂和样品，可使制样容器内压力增加，反应温度升高，从而大大提高了反应速率，缩短了样品制备的时间；并且可控制反应条件，使制样精度更高；减少对环境的污染和改善实验人员的工作环境。

这种加热方式与传统的电炉加热方式截然不同。利用微波辐射加热、分解样品，与传统加热消解相比具有下列优势：

（1）加热速度快、升温高，消解能力强。微波消解各类样品可在几分钟至二十几分钟内完成，比电热板消解快 10～100 倍。如凯氏定氮法消解试样需 3～6h，用微波消解只需 9～18min，快 20 倍左右。微波消解还能消解许多传统方法难以消解的样品，如锆英石。快速消解的原因来自于微波对样品溶液的直接加热和罐内迅速形成的高温高压。电炉加热时，是通过热辐射、对流与热传导传送能量，热是由外向内通过器壁传给试样，通过热传导的方式加热试样。微波加热是直接加热的方式，微波可以穿入试液的内部，在试液的不同深度，微波所到之处同时产生热效应，这不仅能使加热更快速，而且更均匀，大大缩短了加热的时间，与传统的加热方式相比，速率快且效率高。

（2）消耗溶剂少，空白值低。微波消解一个样品一般只需 5～15mL 的酸溶液，是传统方法用酸量的几分之一。因为是密闭消解，酸不会挥发损失，不必为保持酸的体积而继续加酸，节省了试剂，也大大降低了分析空白值，减少了试剂带入的杂质元素的干扰。

（3）待测样品不易挥发损失和沾污，提高了分析的准确度和精密度。在普通的电热板上加热消解，样品中的挥发性成分易产生挥发损失，空气中的灰尘等落入烧杯引起样品沾污，或几个杯子靠近，样品之间相互污染。采用密闭的消解罐，避免了样品或在消解过程中形成的挥发性组分的损失，保证了测量结果的准确性，也避免了样品之间的相互污染和外部环境的污染，适用于痕量及超纯分析和易挥发元素（如 As、Hg）的检测。微波消解系统能实时显示反应过程中密闭罐内的压力、温度和时间三个参数，并能准确控制，反应的重复性好，准确度和精密度都得到提高。

（4）节电省力，环境友好。微波密闭消解不仅节省试剂，还节省电能。传统的电热板上煮酸，消解样品，尽管有通风柜，仍然是周围酸雾缭绕。不仅分析人员深受其害，也腐蚀了实验室内其他设备。现在在密闭的罐中消解，挥发的酸大大减少，有效地改善了分析人员的工作环境。由于消解样品的速度加快，分析时间缩短，同时分析的准确度与精密度又得以提高，显著地降低了劳动强度、提高了工作效率。

微波加热速度快且均匀、不产生过热，不断产生新的接触表面，有时还能降低反应活化能，改变反应动力学状况，使得微波消解能力增强，能消解许多传统方法难以消解的样品，同时，待测元素不易损失挥发和样品不易沾污，提高了分析的准确度和精密度，节电省力，环境友好。因此微波消解成为样品消解发展方向，微波样品处理的优势促进了微波处理设备的开发研制，这对解决长期困扰 AAS、AFS、ICP、ICP-MS、LC、HPLC 等仪器分析的样品制备，起了革命性的推动作用。微波消解系统制样可用于原子吸收（AA），等离子光谱

（ICP），气质联用（GC-MS），及其他仪器的样品制备，目前，许多国家已经采用。

三、微波消解仪的使用

【操作扫一扫】

二维码2-13　微波
消解仪的使用

微波消解仪主要组成为：磁控管、波导管、微波炉腔、能转动的负载盘和样品架、自动控制系统、排风系统、安全防护门，如图 2-12 所示。它的关键部件是消解罐和消解罐架，见图 2-13。

图 2-12　微波消解仪

微波消解仪操作步骤如下。

1. 主控罐的操作

【操作扫一扫】

二维码2-14　微波
消解仪的主控罐操作

（1）于溶样杯内加入一定量的样品和溶剂。

（2）将密封杯盖扩张器测温密封盖的密封管上用手一边来回转动一边向下压，使密封盖的边缘向外扩大。将带测温密封管的密封杯盖小心地旋进溶样杯身。

（3）将盖好的溶样杯插入外罐中，然后将外罐水平插入带有压力传感器的主控罐架内，并定位在中央。将温度传感器探针从主控罐罐架顶部的圆孔处对准密封盖上的小孔，慢慢插入测温密封管底，然后将传感器上的固定螺母拧在罐架上。

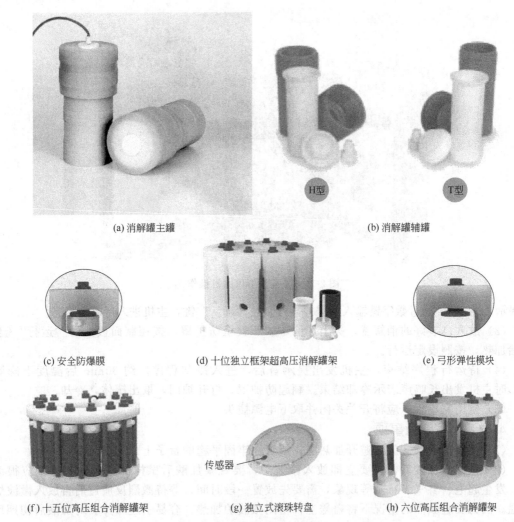

(a) 消解罐主罐　　　　　　　　　(b) 消解罐辅罐

(c) 安全防爆膜　　　(d) 十位独立框架超高压消解罐架　　　(e) 弓形弹性模块

传感器

(f) 十五位高压组合消解罐架　　　(g) 独立式滚珠转盘　　　(h) 六位高压组合消解罐架

图 2-13　微波消解仪消解罐和消解罐架

2. 标准罐的操作

（1）把样品加入已清洗好的溶样杯内，并加入一定量的溶剂。

（2）将密封杯盖扩张器压入密封盖，并压到底，使密封盖的边缘向外扩大。将扩张好的密封杯盖小心地旋进溶样杯身。

（3）将盖好盖的溶样杯放入外罐中，然后将外罐水平插入标准罐罐架上，并定位在中央。用镊子取一片爆裂膜置于泄气阀头部的槽内，借助爆裂膜安装器将爆裂膜压入槽内。

（4）将已安装好爆裂膜的泄气阀穿过罐架顶部的小孔旋在密封盖上，并用手旋紧即可。

3. 主机操作

（1）接通电源，打开电源，显示屏上出现"方案选择"页面，进入待机状态，通电30min后使用。在"方案选择"页面下，通过按上下方向键选择所需程序，然后按数字键"0"～"9"，选择该程序下的方案，并按"确认"键，见图 2-14。

（2）在方案选择菜单下选择"微波消解（温控）"，并输入方案号，进入设置菜单。按"预置"键，此时"N"显示为"1"（为第一步骤），然后按照顺序分别输入："T"温度（℃）、"t"时间（min），"W"功率（数字键入"1"～"9"分别代表300～900W，"0"为1000W）。按"确认"键后，在"N"显示2后同上输入。设置完后按"确认"键，此时在屏幕左上方出

图 2-14   微波消解仪主机操作

现提示"No.0",通过数字键输入所需方案号,按"确认"键,主机进入待启动状态。

(3)放入已装好的消解罐,关上炉门,放下安全防护罩,按控制面板上的"运行"键,开始加热,按照设定运行。

(4)待运行程序结束,主机发出提示音后,进入冷却程序。约 30min 后温度下降到 60℃时主机发出长鸣声表示冷却结束。翻起防护罩,打开炉门,取出罐体,冷却。

(5)使用完毕后,应将开关关闭并取下电源插头。

4.微波消解注意事项

(1)微波消解仪安放应避开加热源,放置在牢固平稳的台子上。

(2)试样添加酸后,不要立即放入微波炉,要观察加酸后试样的反应。如果反应很激烈,发生起泡、冒气、冒烟等现象,需要先放置一段时间,等待激烈反应过后再放入微波炉升温。因为反应激烈的情况下将盖盖上,密闭微波炉加热,容易引起爆炸。对加酸后初期反应很激烈的试样,一次加酸的量不要太多,可将酸分几次加完。对于有的样品,可将酸加入试样中浸泡过夜,待到次日再放入微波炉中消解,效果会更好。

(3)对于硫酸、磷酸等高沸点酸应在低浓度以及严格控温的条件下使用,应尽量避免使用高氯酸。

(4)由样品和试剂组成的溶液总体积不要超过 20mL。

(5)处理样品时操作人员最好离开现场。

(6)要有足够的冷却时间。打开样品罐时应用防护措施。

(7)经常检查密封部位。每次使用完毕应清洗干净,并烘干内外罐以备下次使用。

四、微波消解的应用

【课堂扫一扫】

二维码2-15   微波
消解法的应用

微波消解在许多领域均有应用，举例如下。

1. 微波消解技术在生物医学及药物分析中的应用

生物样品的消解是微波应用最早的领域，处理样品包括动物、植物、食品和医学样品等，微波消解克服了传统干法或湿法的高温、使易挥发元素损失、费时等缺点，结合众多分析手段（如原子吸收光谱法、ICP-AES、ICP-MS、FAAS等），可以对微量元素及痕量元素进行分析。

微量元素与人体健康的研究成为当代医学中引人注目的新领域，采用微波消解人的头发样本，测定元素包括 Al、Bi、Ca、Cd、Cr、Cu、Fe、Ge、Hg、Mg、Mn、Mo、Ni、Pb、Se、Sr、Zn 及稀土元素。我国是稀土大国，稀土的储量及产量均占世界首位。过去认为稀土很少，不可能进入环境及动植物体。稀土元素参与了自然界的生物链，随着环境中稀土浓度增加，人体内稀土浓度也相应发生变化。因此，人的头发中稀土元素的含量测定，可以了解不同环境人群头发中稀土值的实际水平和变化。人的头发样品是研究环境与人体生命科学的一种良好的指示性生物样品。

测定生物样品中的痕量元素时，样品的制备是一个重要的课题。近年来，迅速发展起来的微波消解技术，利用微波辐射引起的内加热和吸收极化作用及所达到的较高温度和压力使消解速度大大加快，不仅可以减少样品的污染和易挥发元素的损失，而且样品分解彻底，操作过程简单容易，使样品前处理效率大大提高。

测定中药中微量元素的含量及其对人类正常生理功能的影响，对考察中药微量元素的药理活性及建立中药微量元素质量控制标准有着重大的意义。微波制样技术则为中药中微量元素的提取提供了一种很好的方法，配合 ICP-AES、ICP-MS、冷原子吸收、FI-HG-AFS 等对微量元素进行分析。采用微波样品处理系统结合 ICP 法对连翘中无机元素的含量进行了测定，该法在 30min 内即可完成试样的消解，测定结果令人满意。由于微波消解技术加速了样品的分解，改进了传统的消解模式，改善了工作环境以及减轻了分析人员的劳动强度。

2. 微波消解技术在食品及化妆品分析中的应用

采用微波消解植物、动物、水产品、粮食谷物等样品，利用国家标准物质验证方法的可靠性，测得微量元素的回收率为 92%～103%，RSD 为 1.2%～8%。微波对食品样品的消解主要包括传统的敞口式、半封闭式、高压密封罐式，以及近几年发展起来的聚焦式，配合之后的分析检测手段 AFS、AES、原子荧光法、毛细管电泳、ICP-MS 等。在各类食品中有些含有对人体有害的重金属元素，如 Pb、As、Hg、Cd 等，在传统的干法或湿法消解中很容易损失，而 Al 及营养元素 Ca、Zn、Fe 等在环境、试剂、器皿中含量很高，易造成污染，这样使得微波消解在食品及卫生检验领域的应用更加广泛。利用微波消解-氢化物原子吸收光谱法测定食品中的铅，取得了良好效果。采用微波密闭溶样系统结合冷原子吸收测定微量的汞，仅用 10min 左右即可将有机物消解完全，并可同时消解多个样品，实验重现性好，回收率达 90% 以上。

化妆品是与人们生活密切相关的轻化工产品，其配方中含有很多有机和无机成分。其中某些金属元素的存在将损害皮肤，有的元素甚至可以沿毛孔和呼吸道进入人体内，对人体健康产生严重危害，化妆品中的金属元素必须严格限制，其中 As、Pb、Cd、Cr、Bi 五种微量元素危害最大。对这五种元素的分析方法有比色法、原子吸收法和 ICP-AES 法，由于乳状化妆品基体复杂，这五种元素的含量又极低，一般比色法和火焰 AAS 法很难准确测定，水平炬管的 ICP-AES 由于其灵敏度可达 ng/mL 级，基体干扰小，一次进样可以同时测定五种元素，是一种较好的分析方法。微波消解技术可以在较短的时间内对有机成分进行快速消解，由于容器密闭，对金属挥发组分不损失，是一种很好的化妆品前处理技术。

3. 微波消解技术在环境试样分析中的应用

在环境样品分析中,采样和样品前处理所耗时间及费用约占整个分析过程投资的60%,因此,改进传统消解方法的弊端,从整体上提高环境分析的速度和质量尤为重要。微波消解在环境试样分析方面的应用很广,涉的环境试样包括土壤、固体垃圾、核废料、煤飞灰、大气颗粒物、水系沉积物、淤泥、废水、污水悬浮物和油等。微波消解环境试样可以用来测定其中的 As、Al、Ba、Be、Ca、Cd、Co、Cr、Cu、Fe、Hg、K、Li、Mn、Na、Ni、Pb、Sb、Si、Sr、Se、Ti、Tl、V、Zn、Zr 和稀土等元素,还可以测定总磷、总氮、无机硫等非金属及废水的 COD 值等。

4. 微波消解技术在地质冶金分析中的应用

地质试样主要指岩石、矿物、土壤、水系沉积物等样品。一些微量元素共存时的存在形态和行为与它们单独存在时不尽一致,使地质试样的分解显得比其他样品要困难得多。采用聚四氟乙烯密封容器,氢氟酸与王水分解花岗岩和海洋沉积物样品,溶样 60s,火焰原子吸收光谱法和石墨炉原子吸收光谱法测定其中的 Cr、Al、Zn,回收率大于 97%。用王水、氢氟酸微波分解硅酸盐,用 ICP-AES 测定多种元素也得到较好的效果。

由于煤灰化成分复杂而且含有大量的 SiO_2 和 Al_2O_3,试样处理及分析测试比较困难。传统的熔融法和湿消解法操作中引入杂质,通常操作比较困难。传统的熔融法和湿消解法操作中引入的杂质经常干扰分析测定过程,而且样品需要分别处理。如测 Si 的国标方法是将样品和 NaOH 混合,在 700℃熔融,再分别用热水和 HCl 溶解;测 Al、Ca、Fe、Mg、Ti、Mn、K 的国标方法是将样品分别用 $HClO_4$、HF 和 HCl 加热消解;测 Pb、Cr 的国标方法是将样品分别用 $HClO_4$、HF 和 HNO_3 加热消解。微波消解方法可以用于煤灰试样中多元素的同时消解和测定。

钢中铝的溶解一直是钢铁分析长期存在的问题之一,传统方法是采用 $NaHSO_4$ 熔融,但会引入大量易电离元素,不适合随后的光谱测定。采用 $HNO_3/HCl/HF$ 消解的高压弹法,虽可避免挥发损失并得到无盐基体,但需要在 80℃加热 1h。采用微波加热只需要 80s。

总之,从本质上讲,微波消解法也属于湿消解法,所以样品的前处理方法可分两类,也就是人们常讲的"干法"与"湿法"。可以简单形容为:"干法"是把样品"烧成灰";"湿法"是样品"化成水"。两种方法各有千秋,现对这两种方法比较见表 2-4。

表 2-4 干法与湿法的比较

干法	湿法	
	普通湿法消解	微波消解
消化时间很慢	消化时间快	消化时间非常快
要求温度高,挥发性元素易损失,时间长	温度低,挥发少,所需时间短	密封处理,无挥发损失和样品的沾污
对样品有选择性	对样品性质不敏感	对样品性质不敏感
不需监视	较多的监视	不需监视
不加或加入较少的试剂,试剂空白值小	试剂空白值大	消耗溶剂少,空白值低
灰分体积小,能处理大量样品	不能处理大量样品	可以批量处理样品
有机物分解彻底,操作简单	易产生有害气体或泡沫,对人体有害,因此整个消化过程必须在通风柜中进行	密封消解,无污染,环境友好

任务实施

A市质监局在媒体披露了一项茶叶抽查报告，被抽查的 61 种茶叶中，近三成不合格，而在全部 19 种不合格产品中，重金属铅超标的达 13 种，个别产品的铅含量超过国家标准 9 倍多。报道称，这些被检茶叶主要产自 B 市。B市某茶叶商为了证明自己的茶叶并非属于那批不合格品，于是带着茶叶样品到 A 市某检测机构做检测。

操作项目5　土壤中汞的测定（微波消解处理法）

一、项目目标

1. 了解土壤中汞含量超标的危害；

2. 熟悉原子荧光光谱法；

3. 学会对土壤样品进行前处理。

二、背景知识

1. 土壤中的汞

汞及其化合物是具有很强的致癌致畸作用，是神经毒性，遗传毒性和生物积累效应的最危险的环境污染物之一。20 世纪 50 年代，日本的水俣病，是首次发现的汞污染引起的环境公害事件，造成 5172 人患病，730 人死亡。1972 年伊拉克用甲基汞和乙基汞杀菌剂处理种子而发生的汞中毒事件中有 459 人死亡。

汞在表层土壤的浓度一般为 $0.003 \sim 4.6 \mu g/g$。然而，在污染地区汞的浓度比这个范围高很多，例如在印度甘贾姆的一个氯碱厂附近，表层土壤的汞浓度达到了 $557 \mu g/g$。

汞污染的来源可以分为自然来源和人为来源两类。

自然来源主要是：①风力对汞矿化地区土壤和岩石的侵蚀和去气作用；②火山爆发和其他一些地热活动；③地球表面汞的自然释放作用。

人为来源主要是：①化石燃料、木材、废物、污泥的燃烧和火葬场；②某些高温制造行业，如金属冶炼、水泥生产、石灰制造等行业；③某些涉及汞的制造业，如金属加工、黄金提取、汞矿开采、氯碱工业、化工仪表制造（含汞的化学药品、涂料、电池、温度计、催化剂等）；④农业污染，如含汞农药、化肥和畜禽粪便等。

2. 项目原理

前处理原理：本项目采用微波消解法处理土壤样品，相比普通湿消解法速度快、效果好且环保。

检测原理：样品经微波消解后试液进入原子荧光光度计，在硼氢化钾溶液还原作用下，汞被还原成原子态，在汞元素灯发射光的激发下产生原子荧光，原子荧光强度与试液中元素含量成正比。

三、项目准备

1. 仪器

（1）具有温度控制和程序升温功能的微波消解仪。

（2）原子荧光光度计，配有汞的元素灯。

（3）恒温水浴装置。

（3）分析天平：精度为 0.0001g。

2. 试剂

（1）盐酸

① 盐酸溶液（5＋95）：移取 25mL 浓盐酸用实验用水稀释至 500mL。

② 盐酸溶液（1＋1）：移取 500mL 浓盐酸用实验用水稀释至 1000mL。

（2）硝酸。

（3）氢氧化钾。

（4）硼氢化钾　0.01％硼氢化钾溶液：称取 0.2g 氢氧化钾（优级纯）放入盛有 100mL 实验用水的烧杯中，玻璃棒搅拌待至完全溶解，然后再加入称好的 0.01g 硼氢化钾（优级纯），搅拌溶解。现配现用。

注：也可以用氢氧化钠配制硼氢化钠溶液。

（5）0.05％重铬酸钾溶液（汞标准固定液，简称固定液）：将 0.5g 重铬酸钾溶于 950mL 实验用水中，再加入 50mL 浓硝酸，混匀。

（6）汞标准溶液

① 100.0mg/L 汞标准贮备液　购买市售有证标准物质/有证标准样品，或称取在硅胶干燥器中放置过夜的氯化汞（$HgCl_2$）0.1354g，用适量实验用水溶解后移至 1000mL 容量瓶中，最后用固定液定容至标线，混匀。

② 1.00mg/L 汞标准中间液　移取汞标准贮备液 5.00mL，置于 500mL 容量瓶中，用固定液定容至标线，混匀。

③ 10.0μg/L 汞标准使用液　移取汞标准中间液 5.00mL，置于 500mL 容量瓶中，用固定液定容至标线，混匀，用时现配。

④ 汞标准系列　分别移取 0.50mL、1.00mL、2.00mL、3.00mL、4.00mL、5.00mL 汞标准使用液（10.0μg/L）于 50mL 容量瓶中，分别加入 2.5mL 盐酸（优级纯），用实验用水定容至标线，混匀。

（7）慢速定量滤纸。

四、项目实施

1. 样品的称量

称取风干、磨细、过筛后的土壤样品 0.1～0.5g（精确至 0.0001g）（样品中元素含量低时，可将样品称取量提高至 1.0g）置于微波消解罐中，用少量实验用水润湿。

2. 消解罐加酸与安装

在通风橱的土壤样品消解罐中，先加入 6mL 浓盐酸，再慢慢加入 2mL 浓硝酸，混匀使样品与消解液充分接触。若发生剧烈化学反应，待反应结束后，再将消解罐装入消解罐支架后放入微波消解仪的炉腔中，确认主控消解罐上的温度传感器与系统连接好。

3. 仪器条件设置

按照表 2-5 推荐的升温程序设置温度和时间条件后，启动微波消解，程序结束后冷却。

表 2-5　微波消解升温程序

步骤	升温时间/min	目标温度/℃	保持时间/min
1	5	100	2
2	5	150	3
3	5	180	25

4. 赶酸

待罐内温度降至室温后，在通风橱中缓慢泄压放气，打开消解罐盖，在电热板上低温赶酸至容量还剩余 1～2mL。

5. 定容

把玻璃小漏斗插于 50mL 容量瓶的瓶口，用慢速定量滤纸将消解后的溶液过滤，转入容量瓶中，用实验用水洗涤溶样杯及沉淀，将所有洗涤液并入容量瓶中，最后用实验用水定容至标线，混匀。

从上述溶液中移取 10.0mL 试液于 50mL 容量瓶中，加入 2.5mL 浓盐酸，混匀，室温放置 30min，用实验用水定容至标线，混匀。

6.试样溶液的测定（以下项目可选做）

（1）仪器条件设置　原子荧光光度计开机预热，灯电流、负高压、载气流量、屏蔽气流量等工作参数，可参考以下条件设置：

① 灯电流：15~40mA。

② 负高压：230~300V。

③ 载气流量：400mL/min。

④ 屏蔽气流量：800~1000mL/min

（2）绘制校准曲线　以 1% 硼氢化钾溶液为还原剂，盐酸溶液（5+95）为载流，由低浓度到高浓度依次测定校准系列标准溶液的原子荧光强度。用扣除零浓度空白的校准系列原子荧光强度为纵坐标，溶液中相对应的元素浓度（μg/L）为横坐标，绘制校准曲线。

（3）样品测定　将制备好的样品溶液导入原子荧光光度计中，按照与绘制校准曲线相同的仪器工作条件进行测定。如果被测元素浓度超过校准曲线浓度范围，应稀释后重新进行测定。

同时将制备好的样品空白导入原子荧光光度计中，按照与绘制校准曲线相同的仪器工作条件进行测定。

五、结果处理（以下项目可选做）

1.按式（2-2）进行计算

$$X = \frac{(\rho - \rho_0)V_0V_2}{mV_1} \times 10^{-3} \tag{2-2}$$

式中　X——土壤中汞的含量，mg/kg；

ρ——由校准曲线查得测定试液中元素的浓度，μg/L；

ρ_0——空白溶液中元素的测定浓度，μg/L；

V_0——微波消解后试液的定容体积，mL；

V_1——分取试液的体积，mL；

V_2——分取后测定试液的定容体积，mL；

m——称取样品的质量，g。

2.原始记录表

项目	标准空白	标液 1	标液 2	标液 3	标液 4	标液 5	标液 6
标准溶液浓度/(μg/L)							
原子荧光强度							
回归方程及相关系数							

项目	平行样 1	平行样 2	平行样 3
样品溶液信号			
ρ_0/(μg/L)			
ρ/(μg/L)			
V_0/mL			
V_1/mL			

续表

项目	平行样 1	平行样 2	平行样 3
V_2/mL			
m/g			
X/(mg/kg)			
$\overline{X}_{平均值}$/(mg/kg)			
相对平均偏差/%			

六、实验结论

与 GB 15618—2008《土壤环境质量标准》对照评价土壤级别。

七、任务评价

1.操作评价（主要对样品处理）

序号	观测点	评价要点	成绩
1	称量	(1)称量操作是否正确 (2)称量结果是否合适(符合要求) (3)称量后是否正确记录称量数据及是否恢复仪器原始状态,并填写仪器使用记录	10
2	消解罐操作	(1)正确使用微波消解罐 (2)正确加入样品及消解试剂 (3)正确安装微波主控罐 (4)正确安装标准消解罐(消解罐外壁干净、干燥)	20
3	微波消解仪的操作	(1)能正确设置相关参数(温度、压力、时间) (2)正确启动微波消解仪 (3)正确关闭微波消解仪 (4)正确取出消解罐 (5)正确打开消解罐(是否安全防护)	30
4	赶酸	(1)正确操作电热板或电炉 (2)正确控制加热温度 (3)正确判断赶酸程度	20
5	定容	(1)容量瓶操作是否正确 (2)样品溶液及残渣是否转移完全	10
6	结果及记录	(1)土壤样品消解液是否澄清(消解完全) (2)样品标签填写正确	10

八、注意事项

1.样品制备过程中应该特别防止各种污染,所用设备必须是不锈钢制品,所用容器必须是玻璃或者聚乙烯制品。

2.干燥样品在加酸消解之前需要加入少量水湿润,防止加酸后马上炭化结块而延迟消解时间。

3.微波消解罐放入微波消解仪前应检查微波消解罐安装是否正确、外壁是否干燥洁净,避免使用过程中使微波消解罐损坏。

4.微波消解完成后不要马上取出样品,待其自然冷却或者降温冷却后再在通风柜中打开消解罐,避免吸入氮氧化物。

5.微波消解罐使用前应在稀硝酸中浸泡 24h 以上,避免器皿污染。

项目小结

工作领域	工作任务	职业能力
样品处理前准备	明确样品处理方案	能读懂较复杂的样品前处理分离的方法和标准及操作规范。 明确称样量。 明确定容体积
	准备玻璃仪器等用品	能正确使用玻璃量器(包括基本玻璃量器和特种玻璃量器)。 能正确选择洗涤液,按规定的操作程序进行常用玻璃仪器的洗涤和干燥。 能按有关规程对玻璃量器进行容量校正
	准备实验用水与溶液、检验实验用水	能按标准和规范配制样品处理过程中所需的各类溶液及所需实验用水。 能正确识别和选用检验所需常用的试剂,能根据不同分析检验需要选用各种试剂和标准物质
	准备仪器设备	能正确使用天平(包括分析天平和托盘天平)。 正确使用各类加热设备,如电炉、干燥箱、马弗炉(高温炉)、水浴锅、电动振荡器等设备。 能正确选用各类坩埚、如瓷坩埚、金属坩埚、塑料坩埚。 能正确使用冰箱、干燥器、通风橱、恒温箱。 能正确使用专用消解仪器设备(微波消解仪、石墨消解仪)
样品处理中	湿消解法	能正确熟悉湿消解法所用酸试剂和碱试剂的特性。 能正确进行湿消解法操作
	高温分解	能正确选择高温分解容器。 能正确使用各类加热设备。 能正确进行样品高温分解操作
	微波消解	能正确了解微波消解仪原理。 能正确使用微波消解仪。 能正确进行微波消解操作
样品处理后	样品整理	能正确对处理后的样品溶液进行定容操作。 能评判样品处理效果。 能认真填写有关记录,处理样品后贴好标签,正确存放
	试剂整理	能处理残留试剂,特别对强酸、强碱进行安全无害化处理
	环境设备整理	能认真清理与拆装仪器设备。 能及时洗涤玻璃器皿与其他器皿。 能及时清洁实验室台面、地面

练一练测一测

1. 填空题

(1) 样品处理方法大致可分为两类:( )、( )。

(2) HF 主要用于分解硅酸盐矿物,样品中的 Si 形成( )逸出,能腐蚀( )、( )器皿。

(3) 硫酸的高沸点(338℃),可以借蒸发至( )来除去低沸点的酸(如 HCl、HNO₃、HF)。

（4）稀硫酸作溶剂是利用它的（　　）性质，浓硫酸作溶剂是利用它的（　　）性质。

（5）热、浓 $HClO_4$ 遇（　　）常会发生爆炸，当试样含有机物时，应先用（　　）蒸发破坏有机物，然后加入 $HClO_4$。

（6）铂坩埚的熔点为 1774℃，最高使用温度为（　　）℃，主要用于（　　）熔融分解试样和（　　）硫酸（高氯酸）分解试样，不耐苛性碱、王水、溴水、盐酸-氧化剂混合溶剂。

（7）银坩埚的熔点为（　　）℃，最高使用温度为（　　）℃，主要作为（　　）熔融分解试样的器皿。银在硝酸、王水中速溶，加热时，含硫试样对银坩埚有严重腐蚀。

2. 选择题

（1）用高熔点熔剂 Na_2CO_3 分解难熔物料时，应选用（　　）。

  A. 铂金坩埚   B. 银坩埚   C. 铁坩埚

（2）用氢氧化钠（NaOH）作溶剂时，可选择（　　）材料的坩埚。

  A. 铂   B. 镍   C. 瓷   D. 银

（3）石灰石样品中二氧化硅的测定，一般采用（　　）分解试样。

  A. 硫酸溶解   B. 盐酸溶解

  C. 王水溶解   D. 碳酸钠作熔剂，半熔融

（4）水泥厂对水泥生料、石灰石等样品中二氧化硅的测定，分解试样，一般是采用（　　）分解试样。

  A. 硫酸溶解   B. 盐酸溶解

  C. 王水溶解   D. 碳酸钠作熔剂，半熔融

（5）湿消解法主要用于食品中（　　）的测定。

  A. 无机元素   B. 有机部分   C. 络合物   D. 以上答案都不对

（6）浓硝酸不能分解以下含（　　）试样。

  A. 铝   B. 锌   C. 铜   D. 镁

（7）密封罐消解法常用的容器是（　　）。

  A. 玻璃容器   B. 一般塑料容器   C. 聚四氟乙烯容器   D. 橡胶容器

（8）常压干灰化法的温度一般是（　　）℃。

  A. 100～150   B. 500～600   C. 200～300   D. 大于 1000

（9）铂坩埚可用于处理（　　）化学药品。

  A. 盐酸   B. 硝酸   C. 王水   D. 熔融氢氧化钠

（10）微波消解与传统加热消解相比具有下列优点，不正确的是（　　）。

  A. 加热速度快、升温高、消解能力强

  B. 加热均匀，不存在过热现象

  C. 消耗溶剂少，空白值低

  D. 待测样品不易挥发损失和沾污，提高了分析的准确度和精密度。

3. 判断题

（1）（　　）在使用氢氟酸时，为预防烧伤可套上纱布手套或线手套。

（2）（　　）浓高氯酸应该放在远离有机物及还原物质的地方，使用时可以戴橡皮手套。

（3）（　　）熔融固体样品时，应根据熔融物质的性质选用合适材质的坩埚。

（4）（　　）高温灰化前样品应进行预炭化。

（5）（　　）组分不明的试样不能使用铂坩埚加热或熔融。

4. 问答题

（1）什么是样品的前处理？

（2）什么叫消解？湿消解法的方式有哪些？

（3）样品处理用坩埚是怎样分类？并举例说明。

（4）铬矿、金红石、陶瓷试样应采用什么熔剂和坩埚进行熔融？

（5）微波消解与传统加热消解相比有什么优点？

答案：

2.（1）B　（2）B　（3）D　（4）D　（5）A （6）A （7）A （8）B （9）B （10）B

3.（1）×（2）√　（3）√（4）√（5）√

拓展技能训练项目

对于下列拓展项目，学生可以自行选择，根据项目，自行查找标准或方法，自行设计方案，并在老师指导下进行实操拓展训练。

1. 酸熔法分解钢铁试样。

2. 碱熔法分解铝合金试样。

3. 熔融分解硅酸盐试样。

4. 灰化分解婴幼儿配方奶粉。

5. 测定草莓中维生素 A 的分解前处理。

6. 测定熏肉制品中亚硝酸盐的分解前处理。

项目三
样品处理分离技术

 项目引导

在定量分析过程中，当试样分解后制备成试液，各组分以离子状态存在于溶液中，但试样中往往存在多种组分，当对其中某一组分进行测定时，其他共存组分可能产生干扰。在配位滴定法中，已介绍过采用掩蔽剂或控制分析条件来消除干扰的方法，如果采用上述简单的方法无法消除干扰，就必须将干扰组分与待测组分进行分离，再进行测定。常用的干扰组分或待测组分的分离方法主要有萃取分离法、沉淀分离法、离子交换分离法、色谱分离法等，如图 3-1 所示。

如经提取和纯化后的样品液体积较大，其中被测成分的浓度往往较低，无法直接测定，或浓度低于检测器的响应范围，待测物的溶剂与液相色谱不兼容，这时必须对组分进行浓缩

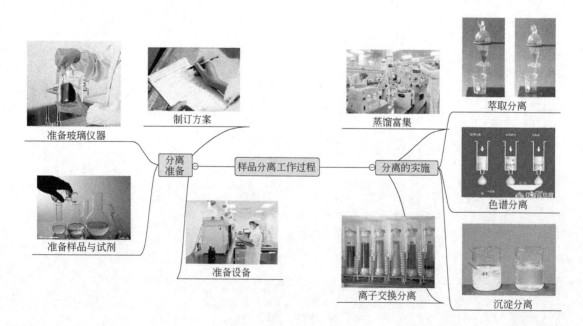

图 3-1　样品分离技术引导图

或富集，使测定的样品中待测组分达到仪器能够检测到的浓度范围。

分离与富集有相似但也不同，分离是将待检测组分从混合物中提出，或将干扰组分从体系中移走，目的是提高后续检测的专一性；而富集则是将待检测组分从大量基体物质中集中到较少的溶液中，目的是提高待测组分的浓度，提高后续检测的灵敏度。在实际操作中，分离与富集又往往同时进行，分离去掉杂质的同时也浓缩了样品，直接分离待测组分更是富集的过程。所以说，分离与富集既有区别又有联系。

干扰组分或待测组分的分离、微量组分和痕量组分的富集是分析测试工作中的重要环节之一。首先给大家介绍样品的富集。

💡 想一想

对于微量或痕量分析，往往检测物质量远低于仪器检测限，这时就需对检测物质进行富集或浓缩，那么怎样来进行富集与浓缩呢？

任务一　样品的富集

💡 任务要求

1. 了解样品前处理中干扰消除的方法与意义；
2. 理解样品前处理中富集的方法与意义；
3. 会用分离富集常规设备（旋转蒸发器、氮吹仪）。

富集是通过减少样品溶液的溶剂或水分而使待测组分浓度升高的工作过程。在痕量分析中，经过提取和净化后待测组分的存在状态经常不能满足检测仪器的要求，其中待测成分的浓度往往较低，无法直接测定，如浓度低于检测器的响应范围。这时必须对组分进行浓缩和富集，使待测定的样品达到仪器能够检测的浓度。常规的富集方法有蒸馏法和吹蒸法。常规蒸馏我们已学习过，这里主要介绍减压蒸馏和气流吹蒸两种方法。

1. 减压蒸馏

减压蒸馏是通过降低压力进行蒸馏的方法。它利用液体沸点根据外界压力的变化而变化特点，在密封蒸馏系统，通过抽真空方法，降低液体表面压力，从而降低液体的沸点，使液体在低温下分离出来。通过减压蒸馏可以用来分离高沸点物质或在常压蒸馏未达到沸点受热分解的物质。

减压蒸馏常用设备是旋转蒸发器（简称旋蒸仪），如图 3-2 所示，包括旋转烧瓶、冷凝器、溶剂接收瓶、真空设备、加热源等。在烧瓶缓缓转动时，液体在瓶壁展开成膜，并在减压和加热的条件下迅速蒸发。该方法的浓缩速度快，而且溶剂可以回收。

【动画扫一扫】

二维码3-1　旋蒸仪
结构与原理

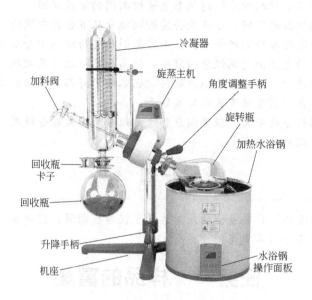

图 3-2　旋转蒸发器的实物图

2. 气流吹蒸法

【操作扫一扫】

二维码3-2　氮吹仪
的使用

气流吹蒸法是利用空气或氮气流将溶剂带出样品,一般在加热条件下进行。常见的设备有氮吹仪,如图3-3所示。氮吹仪主要包括气体分配室、气针、高度调节支架、氮气接口、高度微调部件、支柱、固定组件、机箱、衬套、加热块、样品试管或试瓶等。试管通过带弹簧的试管夹和支撑盘来固定位置。根据试管大小和溶剂多少,各导气管可独立升降至合适的高度。

氮吹仪基本原理是将氮吹仪与氮气瓶连接,通过减压阀将氮气通入到氮吹仪的通气板中,利用氮气不活泼的性质,能起到隔绝氧气的作用,然后通过通气板上的氮吹针对样品进行同时吹扫,并在试管底部进行加热用来加速溶剂的挥发,通过氮气的快速流动可以打破液体上空的气液平衡,使液体挥发速度加快,从而达到让样品快速浓缩的目的。

图 3-3　氮吹仪

该方法适用于体积小、易挥发的提取液的浓缩,但蒸气压较高的组分容易损失。氮吹仪可以用于液相、气相及质谱分析中的样品制备,通过将氮气吹入加热样品的表面进行样品浓缩。该方法具有省时、操作方便、容易控制等特点,可很快得到预期的结果。用氮吹仪代替常用的旋转蒸发仪进行浓缩,可使分析时间大为缩短。

使用气流吹蒸法时应该注意：

（1）不能用于燃点低于 100℃ 的物质；

（2）氮气、氧气纯度高于 99％；

（3）不能用于酸、碱物质的浓缩；

（4）酸性溶液用碳酸氢钠溶解中和；

（5）每天更换水浴锅里面的水。

以上介绍了两种常用的样品富集方法，特别是当待测成分含量低于预定测试方法的检出限时，通过分离提取待测成分，或进行富集，从而提高分析结果的准确度。

但是由于干扰情况非常复杂，尽管进行了富集或掩蔽，甚至进行了仪器校准和空白试验等，仍不一定能达到预期的效果。这时，还可以用专门的分离技术。常用的分离手段有沉淀、萃取、离子交换、蒸馏、离心、超滤、浮选、吸附、色谱分离、毛细管电泳等。下面着重介绍常用的萃取、沉淀、离子交换、色谱分离等方法。

💡 想一想

在一次蔬菜农残筛查中，发现某一蔬菜市场出售的蔬菜农残超标，于是，抽检人员决定把这个蔬菜样品送到实验室进行准确检测。由于蔬菜农残含量非常低，在检测前必须要把蔬菜农残提取出来，才能进行检测，你知道怎样才能把蔬菜农残含量提取出来吗？

任务二　溶剂萃取分离法

⚡ 任务要求

1. 熟悉溶剂萃取的概念、原理及方法；

2. 能进行普通分液萃取操作；

3. 会进行索氏萃取操作；

4. 了解萃取新技术及其应用。

溶剂萃取分离法是利用溶质在不同溶剂中的溶解度不同，用一种溶剂把溶质从另一种互不相溶的溶剂中（或固体中）提取出来的分离方法，它分为液-液萃取和液-固萃取两种分离方法。

液-液萃取法是将试液与一种不溶于水的有机溶剂一起混合振荡，然后搁置分层。这时溶液中能溶于有机溶剂的组分便转入有机相中，而另一些组分则仍留在试液中，从而达到分离的目的。

液-固萃取法是利用溶剂使固体物料中可溶性物质溶解于其中而加以分离的操作，也称为固-液萃取，又称浸取。水是最常用的一种溶剂，如泡茶、煎中药和从甜菜中提取糖等都是利用水作溶剂的浸取方法。随着工业的发展和人民生活水平的提高，固-液萃取的应用领域越来越广泛，如从植物种子中提取食油，从各种植物中提取草药制剂，以及生产速溶咖啡、食品调味料和食品添加剂等。

萃取分离的基本原理是相似相溶原则，即极性化合物易溶于极性的溶剂中，而非极性化合物易溶于非极性的溶剂中。例如 I_2 是一种非极性化合物，CCl_4 是非极性溶剂，水是极性溶剂，所以 I_2 易溶于 CCl_4 而难溶于水。当用等体积的 CCl_4 从 I_2 的水溶液中提取 I_2 时，萃取百分率可达 98.8％，又如用水可以从丙醇和溴丙烷的混合液中，萃取极性的丙醇。常用的非极性溶剂有酮类、醚类、苯、CCl_4 和 $CHCl_3$ 等。

溶剂萃取分离法操作简便、快速，分离效果好，既可用于常量元素的分离又适用于痕量元素的分离与富集。

一、液-固萃取（浸提法）

【课堂扫一扫】

二维码3-3 浸提法

液-固萃取又称浸提法，是利用溶剂能解离某些与待测元素结合的键，并对待测元素或含待测元素的组分有良好的溶解力，而从试样中将含有待测元素的部分浸取到溶剂中的分离方法。

浸提法是一种比较简单、安全、并且在某种情况下具有特殊意义的样品前处理方法。由于浸提法未经激烈反应，被浸提的仅限于以游离形式存在或结合键易被破坏的元素，或能溶于浸提液的含待测元素的分子。

浸提法对所采用的提取剂的要求是根据相似相溶原则来选择。提取剂应既能大量溶解被测物质，又不破坏被提物质的性质和组成。浸提法常用的试剂有两类，即无机溶剂（水）或有机溶剂。

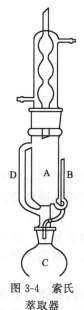

图 3-4 索氏萃取器

用水作溶剂来浸取，称为水溶法。在实际工作中，可以首先滤出水溶部分的组分，然后根据试样的性质再决定是采用酸溶法还是碱溶法，对碱性样品，通常采用酸作溶剂，而对酸性样品采用碱作溶剂。

浸提法选择有机溶剂主要分为极性溶剂与非极性溶剂。例如：醇类、丙酮、丁酮、乙醚、二氯甲烷、三氯甲烷、四氯化碳，主要测定有机试样中的某些组分。

浸提法已用于土壤、植物、食物、血清及化妆品等一系列试样中某些元素的测定。化妆品卫生化学标准检验方法（GB-7917-1987）在测定粉类、霜、乳等化妆品中的汞和铅时，采用了浸提法，取得与湿灰化法完全的效果。金属化学形态分析中，也多采用浸提法以保持金属原来的化学形态。

由于溶剂渗入固体试样内部是比较缓慢的过程，因此液-固萃取需要较长的时间，一般采用连续萃取操作。常用装置是如图 3-4 所示的索氏萃取器，是将试样置于纤维素、滤纸等制成的试样包中，放置于萃取室 A 中，通过加热 C 使 C 中溶剂蒸馏冷凝后流入萃取室 A，当萃取室 A 的溶剂达到一定高度时，经虹吸管 B 又回流入烧瓶 C。烧瓶中溶剂蒸发后经支管 D 上升到冷凝管，冷凝下来再次流入 A 中进行萃取。如此反复直至将试样中被萃取物浓集于 C 中为止。

【操作扫一扫】

二维码3-4 索氏萃取器的使用

浸提法因元素、样品基体、样品颗粒大小、浸提液种类及浓度、浸提时间及浸提温度等参数的变化而影响浸提元素的形态和量。浸提法去除溶剂时，会造成产品品质下降或有机溶剂残留，因此也限制了一些天然香料的应用范围。浸提法溶剂耗用量大，设备造价高，生产成本较高，因此，使用这类方法要结合样品实验目的并经过预试验。

应用案例

茶叶中咖啡因的提取和测定

称取 10g 的茶叶并磨细，用滤纸卷成圆筒状绑好，放入索氏提取器中，利用乙醇作溶剂进行多次萃取，萃取 3～5 次，使固体物质每次都能被纯的溶剂所萃取。把多次蒸馏后的提取液转移到 150mL 的圆底烧瓶中，进行蒸馏，蒸去大部分的乙醇。将蒸去大量乙醇后的提取液倒进蒸发皿中，加入 4g 生石灰粉搅成浆状，在电炉上加热搅拌，除去乙醇，使其成为糊状。把蒸发皿移至酒精灯加热升华，当发现有棕色烟雾时，即升华完毕。

二、液-液萃取

（一）液-液萃取的概念

【课堂扫一扫】

二维码3-5(a)　溶剂
萃取的概念及原理1

二维码3-5(b)　溶剂
萃取的概念及原理2

1. 萃取剂、萃取反应和萃取溶剂

在萃取过程中，能与被分离组分产生化学反应并使产物进入有机相的试剂称为萃取剂。萃取剂在萃取过程中可以是某一相的溶质，也可以为有机溶剂本身，一般多是螯合剂、离子缔合剂或成盐试剂。萃取剂与被分离组分的化学反应称为萃取反应。与水不相混溶，能够溶解反应产物并构成有机相的溶剂称为萃取溶剂，又叫稀释剂。

例如乙醚从盐酸水溶液中萃取 Fe^{3+}，乙醚既是萃取溶剂又是萃取剂，因为它与 Fe^{3+} 产生了如下的萃取反应：

$$(C_2H_5)_2O + HCl + FeCl_3 \Longrightarrow (C_2H_5)_2O^+H \cdot FeCl_4^-$$

其产物进而被乙醚溶解而转入有机相。

又如用 $CHCl_3$ 溶液萃取 Al^{3+}，8-羟基喹啉是萃取剂，因它与 Al^{3+} 产生了萃取反应：

$$\text{(8-羟基喹啉)} + \frac{1}{3}Al^{3+} \Longrightarrow \text{(螯合物)} + H^+$$

生成的螯合物 8-羟基喹啉-Al 由水相转入 $CHCl_3$ 有机相中，$CHCl_3$ 仅是萃取溶剂。

萃取溶剂可按是否参与萃取反应分成两类：活性溶剂，参与萃取反应，如上述乙醚；惰性溶剂，不参与萃取反应，如上述 $CHCl_3$。萃取溶剂也可按密度分成两类：轻溶剂，密度小于水，萃取时有机相在上层，如乙醚、异戊醇、苯等；重溶剂，密度大于水，萃取时有机相在下层，如 CCl_4、$CHCl_3$ 等。萃取溶剂还可以按化学结构和官能团分类：如烃类（正戊烷、卤代烃等）、醇类（正丁醇、异戊醇等）、醚类（乙醚、异丙醚等）、酮类（丙酮、甲基异丁酮等）和酯类（乙酸乙酯等）。

萃取溶剂的选用，除考虑对被分离组分有较大的溶解度和较高的选择性外，首先要考虑其黏度要小、密度与水的差别要适当。如黏度大、密度差别太小，则分离慢且易乳化；若密度差别太大，则振荡时不易混匀，分离效果差。其次要尽量选用毒性低、挥发性小、不易燃的溶剂。最后要考虑溶剂要易于回收提纯再使用，以尽量减少环境污染。

2. 物质的亲水性和疏水性

物质溶于水而不溶于有机溶剂的趋势叫亲水性，不溶于水而溶于有机溶剂的趋势叫疏水性。物质的亲水性和疏水性强弱的规律，可大致概括为：

(1) 凡带电荷的离子都是亲水的。因为它们易与极性的水分子形成水合离子而溶于水，如 $Al(H_2O)_6^{3+}$、$Zn(H_2O)_4^{2+}$、$Ag(H_2O)_2^+$ 等。

(2) 物质含有能离解或形成氢键的基团，则具亲水性，如—SO_3H、—OH、—$COOH$、—NH_2、=NH 等，这些基因称为亲水基因。

(3) 物质含有无极性或极性小的基团则具疏水性，如脂肪基（—CH_3、—C_2H_5 等）、卤代烃（$CHCl_3$、CH_2ClCH_2Cl 等）、芳香基（ ⬡ 、 ⬡⬡ 等），这些基团称为疏水基。

(4) 物质含有的亲水基团愈多，亲水性愈强；含有的疏水基愈多且基团愈大，疏水性愈强。

3. 萃取过程的本质

如果要将某些组分从水溶液中萃取至有机溶剂中，就必须将它们由强亲水性转化为强疏水性。因此萃取过程的实质就是将物质由强亲水性转化为强疏水性的过程。例如 Ni^{2+} 是强亲水性的，在水溶液中以 $Ni(H_2O)_6^{2+}$ 形式存在。用丁二肟-$CHCl_3$ 溶液从 pH≈9 的氨性水溶液中萃取 Ni^{2+} 的过程，是 Ni^{2+} 与含疏水基因的丁二肟进行配位反应，使其失去电荷和

水分子，而生成强疏水性的螯合物（ ），进而由水相转入有机相 $CHCl_3$

中的过程。

（二）溶剂萃取的原理

1. 分配定律和分配系数

Nernst 在总结有关液-液两相平衡大量实验数据的基础上，于 1891 年提出了分配定律："在一定温度下，当某一溶质在两种互不混溶的溶剂中分配达到平衡时，则该溶质在两相中的浓度之比为一常数。"例如，被萃取物 A 在有机相和水相中的平衡浓度分别为 [A]$_有$、[A]$_水$，则有关系：

$$K_D = \frac{[A]_有}{[A]_水} \tag{3-1}$$

上式为分配定律的数学表达式。K_D 是分配系数（partition coefficient），在一定温度下，它是一个常数，由溶质和溶剂的性质所决定。有机物质在有机溶剂中的溶解度一般比在水相中的溶解度大，分配系数越大，水相中的有机物越易被萃取。

在实际工作中，溶质在一相或两相中往往因发生离解、聚合以及和其他组分发生化学反应等而以多种形式存在。此时就不能简单地用分配系数来说明萃取过程的平衡问题。人们主要关心的是存在于两相中溶质的总量，因此使用分配比（D）来表示溶质在有机相中各形式的总浓度（$c_有$）与在水相中各形式的总浓度（$c_水$）的比值，说明被萃取物在萃取平衡时由

水相转入有机相的情况：

$$D=\frac{(c_A)_{有}}{(c_A)_{水}}=\frac{[A_1]_{有}+[A_2]_{有}+[A_3]_{有}+[A_n]_{有}}{[A_1]_{水}+[A_2]_{水}+[A_3]_{水}+[A_n]_{水}} \tag{3-2}$$

从分配比和分配系数看到，分配比 D 考虑被萃取物的各种化学形式在两相中分配的总效果；分配系数 K 仅表示被萃取物的某一种化学形式在两相中的分配情况。只有当被萃取物在两相中以相同的化学形式进行分配，萃取达到平衡时，分配比 D 才与分配系数 K 相等。

2. 萃取速率

多数溶剂萃取过程通常都进行得很快，例如胺类、中性磷类、亚砜和含氧萃取剂的萃取速率都是很快的。这些萃取剂与水相一起经过剧烈的振摇，1min 左右即建立分配平衡。但亦有一些萃取体系，如螯合萃取剂对某些金属离子的萃取，速率较低，有时甚至需要数小时或数天才能达到平衡。

萃取速率主要取决于参与萃取反应的各物质在两相中的扩散速率和生成萃合物的化学反应速率。一般在剧烈搅拌或振荡的情况下，两相以极细小的颗粒分散，使相间接触界面增大，使两相之间相对移动加快，因此可以认为扩散速率不是构成萃取速率的关键步骤，而形成萃合物的化学反应速率才是决定萃取速率的主要步骤。

水相中不同配位体或其他阴离子的存在，与萃取剂、金属离子之间存在着复杂的络合竞争，对萃取速率也会产生影响。例如，水相中存在 EDTA，使 DDTC 萃取 Cu^{2+} 和 8-羟基喹啉萃取 Fe^{3+} 的速率明显下降。这是因为在萃取条件下，Cu^{2+}、Fe^{3+} 与 EDTA 形成了较难置换的惰性中间结合物影响了 DDTC 或 8-羟基喹啉直接与金属离子的反应速率，故而使萃取速率变慢。但用双硫腙的氯仿溶液萃取 Zn^{2+} 时，加入 SCN^-，萃取 Ni^{2+} 时，加入吡啶分子，萃取 Nb^{5+}、Ta^{5+} 和 Zr^{5+} 时，加入柠檬酸盐或酒石酸盐，都使萃取速率加快。这是因为双硫腙与上述金属离子的螯合是慢反应，而加入上述配位体能快速与金属离子形成被有机溶剂立即萃取的中间络合物，其在有机相配位体又能被双硫腙快速置换出来。因而加入的配位体起催化剂作用，故加速了萃取速率。

3. 萃取率

在萃取过程中，为了表示萃取的程度，常用萃取率表示。萃取率表示被萃取的物质已萃入有机相的总量与原始溶液中物质总量比值的百分数，通常用符号 E 来表示。

$$E=\frac{溶质\ A\ 在有机相中的总量}{溶质\ A\ 的总量}\times100\%=\frac{c_{有}V_{有}}{c_{水}V_{水}+c_{有}V_{有}}\times100\% \tag{3-3}$$

E 和 K_D 有如下关系：

$$E=\frac{D}{\dfrac{V_{水}}{V_{有}}+D}\times100\% \tag{3-4}$$

式中，$V_{有}$ 和 $V_{水}$ 分别表示有机相体积和水相体积。

由上式可见，E 的大小，仅取决于分配比 D 和两相体积比两个因素。D 值越大，$\dfrac{V_{水}}{V_{有}}$ 越小，则萃取率越高，所以分析分离中选择 D 值较大，$\dfrac{V_{水}}{V_{有}}$ 又较小的萃取体系。

对于萃取率除了 K_D 值与 $\dfrac{V_{水}}{V_{有}}$ 有关之外，还与萃取次数有关。对于分配比 D 较小的萃取体系，为了提高萃取率可以采用多次萃取的方法。因为单纯减小相比，即增大 V_0，这种方法实际意义不大，因大量使用有机溶剂，既不经济又增加环境污染；此外，减小相比，达不到浓缩富集的作用，所以通过增加萃取的次数，这是实际工作中常采用的方法。但也必须注意，增加萃取次数会增加工作量和延长工作时间，同时也会增大工作中引起的误差。所以萃取次数的多少，应根据被分离物质的含量及对其测定结果准确度的要求来决定。

【动画扫一扫】

二维码3-6　一次萃取与多次萃取

（三）溶剂萃取方式

溶剂萃取按萃取方式可分为单级萃取、连续萃取。

1. 单级萃取法

单级萃取法是最简单和最广泛应用的萃取方法，最常用的设备是锥形分液漏斗。这种方法是将一定量的试样溶液放在分液漏斗中，加入有机溶剂，塞上塞子，剧烈摇动，使两相密切充分地接触，然后静置分液漏斗，待液体分层后，轻转分液漏斗下面活塞，使下层溶液流入另一容器中，两相即可分离。如要获得溶质，可把溶剂蒸馏除去，就能得到纯净的溶质，具体操作如图3-5所示，如有必要，可向水相中再加入新鲜溶剂，重复萃取1~2次。为了使被萃取物与干扰组分分离得更完全，还可采用洗涤有机相的办法，即向有机相（若是几次萃取，应合并）加入配制的络合试剂和酸度与萃取条件相同的水溶液，摇动使分层，这时混入有机相的少量干扰组分就被反萃取入水相中，便与被萃取物进一步分离。

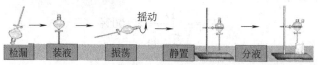

图 3-5　萃取操作

【操作扫一扫】

二维码3-7　分液漏斗的使用

锥形分液漏斗分离两相时，若有机相较水相轻，只能在放出水相后，才能放出有机相，这样，如要将水相重复萃取就很不方便。图 3-6 是一种改进的适用于有机相较水相轻的萃取操作的萃取器。A 是锥形萃取室，其底部由毛细管及活塞 C 与玻璃管 B 相连。B 管是盛被萃取溶液和萃取溶剂的。萃取室右上部有一管子与三孔旋塞 D 相连，D 右边接真空系统，下面接橡皮球。萃取室顶部为磨砂口，插入一细长的分液漏斗 F，其下端的毛细管一直达到萃取室底部。萃取时先将试样溶液和有机溶剂放置于 B 管中，转动三孔旋塞 D 使萃取室 A 与真空系统相通，打开旋塞 C，将溶液和溶剂吸入萃取室 A。继续缓缓吸入空气流，使之起搅拌作用。关上旋塞 C，转动旋塞 D 使 A 室与橡皮球相通，借橡皮球挤入气，将萃取室下层的水相压入 B 管中，当两相界面刚至 C 时，关旋塞 C。然后打开活塞 E 把有机相压入分液漏斗 F 中，关闭 E，则有机相保留在 F 中，B 管中水溶液可在加入新鲜溶剂后再次如上所述萃取。当最后一次萃取完毕后，取出盛有有机相的分液漏斗 F，放出有机相以供分析测定被萃取物质用。这种萃取器虽为萃取少量试液而设计，但也可用来萃取较大量的试液。

2. 连续萃取法

对于分配比较小的体系，用单级萃取法需反复萃取多次才能达到定量分离时，可采用连续萃取法。连续萃取器有多种型式，现简单介绍如下。

（1）有机相较水相轻的常用连续萃取器　图 3-7 为赫柏林萃取器，这种装置特别适用于易挥发的溶剂，如乙醚等萃取无机物中的水溶液。图中 A 为烧瓶，内装有机溶剂。溶剂在 A 中被蒸发后，在冷凝管 B 中被液化，流入细长玻璃漏斗管 C 中，长管下端，为增大两相接触面，装一细孔玻璃板 D。溶剂经 D 处被分散成细小液粒流入萃取管 E 中，与 E 中所装的被萃物水溶液接触而产生萃取分配作用。当溶剂液面达到 E 的支管出口处时，即沿支管流入 A。在 A 中再经蒸发，如上述重复萃取。已被萃取的物质留在烧瓶 A 中而被逐渐浓集；E 管中被萃取物质逐渐减少，直至萃取完全。溶剂经 D 后分散流出，冷凝后收集于细长 C 管中的溶剂柱中。

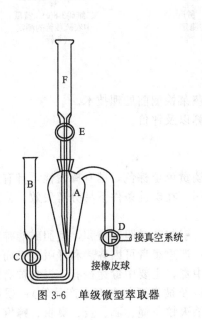

图 3-6　单级微型萃取器

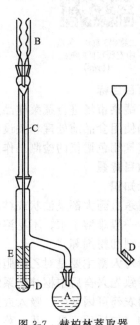

图 3-7　赫柏林萃取器

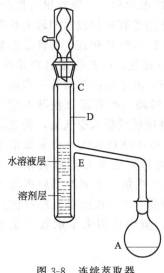

水溶液层

溶剂层

图 3-8　连续萃取器

（2）有机相较水相重的常用连续萃取器　连续萃取器如图 3-8 所示，适用于较水重的溶剂。此种装置和图 3-5 所示萃取器相似，所不同的是将图 3-5 中的细长玻璃漏斗改为玻璃管柱 D，装在萃取器 C 内。较重的溶剂冷凝下来时，流经被萃取的水溶液层，沉入底部，流出玻璃管柱，经溢流管 E 进入烧瓶 A，溶剂蒸发后，再被冷凝管冷凝，用于循环萃取，直至水溶液中被萃取物定量转入烧瓶 A 中为止。

3. 溶剂萃取的应用

溶剂萃取常用在环境监测分析样品，特别在水样中分析微量有机污染物，可根据相似相溶原则，选择适宜的有机溶剂直接进行萃取。例如用 4-氨基安替比林分光光度法测定水样中的挥发酚时，如果酚含量低于 0.05mg/L，则经蒸馏分离后，需再用三氯甲烷萃取；用气相色谱法测定六六六、DDT 时，需先用石油醚萃取；用红外分光光度法测定水样中的石油类和植物油时，需要用四氯化碳萃取等。

任务实施

在一次蔬菜农残筛查中，发现某一蔬菜市场出售的蔬菜农残超标，于是，抽检人员决定把这一个蔬菜样品送到实验室进行检测。

操作项目 6　蔬菜中有机磷类农药残留的检测——农药残留提取与富集

【操作扫一扫】

二维码3-8(a)　黄瓜中农药残留的测定（粉碎）

二维码3-8(b)　黄瓜中农药残留的测定（加标液）

二维码3-8(c)　黄瓜中农药残留的测定（匀样）

一、项目目标

1. 会在蔬菜市场进行蔬菜样品采集（抽样）。
2. 正确使用食品前处理相关设备，熟练掌握蔬菜检测前处理技术。
3. 了解气相色谱仪的检测工作原理、结果计算以及评价。

二、项目背景

1. 背景知识

有机磷杀虫药大都呈油状或结晶状，色泽由淡黄色至棕色，稍有挥发性，且有蒜味，除敌百虫外，一般难溶于水，不易溶于多种有机溶剂，在碱性条件下易分解失效。常用的剂型有乳剂、油剂和粉剂等。

有机磷对人畜主要是对乙酰胆碱酯酶的抑制，引起乙酰胆碱蓄积，使胆碱能神经受到持续冲动，导致先兴奋后中枢神经系统衰竭等症状；严重患者可因昏迷和呼吸衰竭而死亡。

有机磷农药可因食入、吸入或经皮肤吸收而中毒，主要中毒途径有：误食被有机磷农药污染的食物（包括瓜、果、蔬、菜、乳品、粮食以及被毒死的禽畜水产品等）；误用沾染农药的玩具或农药容器；不恰当地使用有机磷农药杀灭蚊、蝇、虱、蚤、臭虫、蟑螂及治疗皮肤病和驱虫；母亲在使用农药后未认真洗手及换衣服而给婴儿哺乳。因此检测蔬菜中有机磷类农药残留具有重要意义。

2.项目原理

（1）样品处理原理：蔬菜前处理主要包括粉碎、制浆、萃取。本项目利用有机溶剂乙腈萃取蔬菜中的有机磷，从而达到富集目的，为下一步上机检测做准备。

（2）项目测定原理：待分析样品经前处理后，在汽化室汽化后被惰性气体（即载气，也叫流动相）带入色谱柱，柱内含有液体或固体固定相，由于样品中各组分的沸点、极性或吸附性能不同，每种组分都倾向于在流动相和固定相之间形成分配或吸附平衡。由于载气的流动，使样品组分在运动中进行反复多次的分配或吸附与解吸附，结果是在载气中浓度大的组分先流出色谱柱，而在固定相中浓度大的组分后流出。当组分流出色谱柱后，立即进入检测器。检测器能够将样品中存在的组分转变为电信号，而电信号的大小与被测组分的量或浓度成正比。当将这些信号放大并记录下来时，就得到气相色谱图。

三、项目准备

1.试剂准备

（1）乙腈、丙酮、氯化钠、无水硫酸钠。

（2）农药标准品：农药标准储备液购于农业部环境保护科研监测所。敌敌畏：$100\mu g/mL$。

（3）特丁硫磷：$100\mu g/mL$。

（4）甲基硫环磷：$100\mu g/mL$。

（5）马拉硫磷：$100\mu g/mL$。

（6）农药标准使用溶液：吸取敌敌畏等含量为$100\mu g/mL$的有机磷标准储备液0.5mL，置于10mL容量瓶中，用丙酮定容，此溶液相当于$5.0\mu g/mL$的有机磷标准液。

2.仪器准备

前处理设备：组织捣碎机（食品加工器）；旋涡混合器；匀浆机；氮吹仪。

检测设备：Agilent7890B气相色谱仪，附有自动进样器和火焰光度检测器（FPD）。

四、项目实施

1.样品采集

在抽取蔬菜、水果样品，在采样和制备过程中，应注意不使样品污染；果蔬样品擦去表层泥水，取可食部分，经缩分后，将其切碎，充分混匀放入食品加工器中粉碎，制成待测样。放入分装容器中，于$-20\sim-16$℃条件下保存，备用。

2.样品的提取

称取25g试样放入匀浆机中，加入50mL乙腈，在匀浆机中高速匀浆2min后用滤纸过滤，滤液收集到装有5~7g氯化钠的100mL具塞量筒中，收集滤液40~50mL，盖上塞子，剧烈振摇1min，静置30min，使乙腈相与水相分层。

3.样品的净化

从具塞量筒中吸取10ml乙腈溶液，放入150mL烧杯中，将烧杯放入80℃水浴锅加热，杯内缓缓通入氮气或空气流，蒸发近干，加入2mL丙酮，盖上铝箔，备用。

将上述备用液完全转移到15mL刻度离心管中，再用约3mL丙酮分三次冲洗烧杯，并转移到离心管，最后定容到5.0mL，在旋涡混合器中混匀，分别移入两个2mL的自动进样器样品瓶中，供色谱测定。如定容后的样品溶液过于混浊，应用$0.2\mu m$滤膜过滤后再进行测定。

4.样品的测定

由自动进样器分别吸取$1.0\mu L$标准混合溶液和净化后的样品溶液注入色谱仪中，以双柱保留时间定性，以A柱获得的样品溶液峰面积与标准溶液峰面积比较定量。

五、项目实验数据记录与处理

1.定性分析

双柱测得样品溶液中未知组分的保留时间分别与标准溶液在同一色谱柱上保留时间相比较，如果样品溶液中某组分的两组保留时间与标准溶液中某一农药的两组保留时间相差都在±0.05min内的可认定为该农药。

2.定量分析

试样农药残留量用 X 表示，计算公式如下：

$$X = \frac{V_1 A V_3}{V_2 A_s m} \times \rho \tag{3-5}$$

式中　X——试样中有机磷的含量，mg/kg；

　　ρ——标准溶液中农药的质量浓度，mg/L；

　　A——试样中待测组分的峰面积；

　　A_s——农药标准溶液中被测农药的峰面积；

　　V_1——试样提取液总体积，mL；

　　V_2——吸取的净化液体积，mL；

　　V_3——试样最后定容体积，mL；

　　m——试样的质量，g。

六、项目结果

实验结果：根据检测结果，对照 GB 2763—2016《食品安全国家标准食品中农药最大残留限量》，判断蔬菜样品农药残留是否超标。

七、任务评价

序号	观测点	评价要点	成绩
1	采样（抽样）	(1)正确进行随机抽样，确认抽样点 (2)正确抽取样品 (3)办理标签确认手续	10
2	制样（粉碎、制浆）	(1)正确切碎样品 (2)正确使用食品加工器进行打浆	10
3	提取	(1)正确称样 (2)正确使用匀浆机匀质 (3)正确使用滤纸过滤 (4)正确进行萃取操作（振荡、静置、分层）	20
4	净化	(1)是否佩戴防毒口罩 (2)正确使用氮吹仪 (3)是否吹到近干	30
5	定容与标签	(1)正确加入丙酮，清洗转移残液到刻度管 (2)定容 (3)正确使用旋涡仪（没有溅出） (4)正确使用自动进样器样品瓶 (5)正确进行滤膜过滤 (6)样品瓶标签	30

三、萃取新技术

萃取新技术是指利用现代技术手段改变萃取参数提高萃取速度和萃取率（或回收率）的新型技术。萃取新技术主要是通过微波、超声波、高温、加压、超临界等手段改变萃取溶剂参数，最大限度提高了萃取速度和萃取率。下面分别介绍超临界萃取、加速溶剂萃取、微波萃取、超声波萃取等萃取新技术。

1. 超临界流体萃取（SFE）

超临界流体萃取（supercritical fluid extraction，SFE）是利用超临界流体进行萃取的一种技术。临界点是气液两相区的终结，在临界点以上，气液两相之间无相变化。临界点可以用临界温度和临界压力来表达。当一种流体的温度和压力均超过其相应的临界值，则称该状态下的流体为超临界流体。超临界流体（supercritical fluid，SCF）不同于一般的气体，也有别于一般液体，它本身具有许多临界特性：密度类似液体，具有较高的溶解能力；扩散系数比液体高一个数量级，可以充分和样品混合；黏度接近气体，有利于传质；压力或温度的改变均可导致相变。最常用的超临界流体是 CO_2，其具有以下优良特性：性质稳定、使用安全、价格低廉、临界温度低（$T_c = 31℃$），临界压力适中（$p_c = 7.2MPa$）。CO_2 是非极性物质，对极性化合物的溶解能力很低，为了提高其溶解极性物质的能力，可在体系中加入改性剂（modifier）。常用的改性剂有：甲醇、乙醇、四氢呋喃、二氯甲烷和二硫化碳等。

超临界流体萃取的原理，是利用超临界流体的溶解能力与密度的关系，即利用压力和温度对超临界流体溶解能力的影响而进行的。在超临界流体状态下，将超临界流体与待分离的物质接触，使其有选择性地把极性大小、沸点高低和分子大小的成分依次萃取出来。当然，对应各压力范围所得到的萃取物不可能是单一的，但可控制条件得到最佳比例的混合成分，然后借助减压、升温的方法使超临界流体变成普通气体，被萃取物质则完全或基本析出，从而达到分离提纯的目的，所以超临界流体萃取过程是萃取和分离过程组合而成，如图3-9所示。

超临界 CO_2 流体萃取分离的过程见图3-9。由钢瓶提供的高纯液体（CO_2）经高压泵系统，流入保持在一定温度（高于 T_c）下的萃取池。在萃取池中可溶于 SCF 的溶质扩散分配溶解在 SCF 中，并随 SCF 一起流出萃取池，经阻尼器减压或升温后进入收集器，多余的 SCF 排空或循环使用。具体设备如图3-10所示。

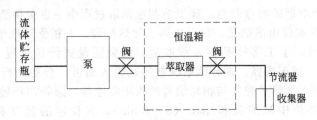

图3-9　超临界萃取装置示意图

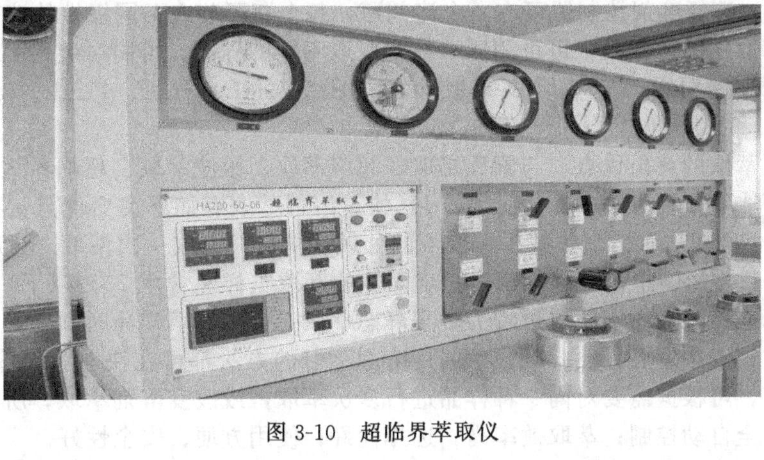

图3-10　超临界萃取仪

超临界流体萃取在食品分析中的应用大大提高了萃取的效率，例如萃取果蔬中的农药残留，萃取食物中的环境污染物（如多环芳烃），萃取奶粉中的总脂肪。超临界流体萃取也可用于专业的分离与提取。例如大蒜油的提取、精油的提取、草药的提取等。

2. 加速溶剂萃取（ASE）

【拓展扫一扫】

二维码3-9(a)　加速
溶剂萃取的概述1

二维码3-9(b)　加速
溶剂萃取的概述2

加速溶剂萃取（accelerated solvent extraction，ASE）是在一定的温度（50～200℃）和压力（10.3～20.6MPa）下用溶剂对固体、半固体的样品进行萃取的技术。选择合适的溶剂、升高温度和提高压力可以提高萃取的效率，其结果大大加快了萃取的时间并明显降低萃取溶剂的使用量。

其工作原理主要是，升高温度可以加速溶质分子的解析动力学过程，增加分析物的溶解度，降低溶剂的黏度，从而减小溶剂进入样品的阻力，加速溶剂进入样品基体的扩散；提高压力可以提高溶剂的沸点，使其保持液态，从而保持较高的溶解能力，保持易挥发性物质不挥发。升高温度和提高压力对溶剂萃取可以达到下列作用：

（1）提高被分析物的溶解能力；

（2）降低样品基质对被分析物的作用或减弱基质与被分析物间的作用力；

（3）加快被分析物从基质中解析并快速进入溶剂；

（4）降低溶剂黏度，有利于溶剂分子向基质中扩散；

（5）增加压力使溶剂的沸点升高，确保溶剂在萃取过程中一直保持液态。

ASE快速溶剂萃取仪由溶剂瓶、泵、气路、加热炉腔、不锈钢萃取池和收集瓶等构成。

ASE的工作流程：手工将样品装入萃取池，放到圆盘式传送装置上，将萃取的条件（温度、压力、时间、溶剂选择、循环萃取次数等）输入面板，自动进行之后的步骤。圆盘传送装置将萃取池送入加热炉腔并与相对编号的收集瓶连接，泵将溶剂输送入萃取池（20～60s），萃取池在加热炉中被加温和加压（5～8min），在设定的温度和压力下静态萃取（5min），多次少量向萃取池加入清洗溶剂（20～60s），萃取液自动经过滤膜进入收集瓶，用N_2吹洗萃取池和管道（60～100s），萃取液全部进入收集瓶待分析。自动完成全过程仅需13～17min。选择溶剂控制器可有4个溶剂瓶，每个瓶可装入不同极性的溶剂，可选用不同溶剂先后萃取相同的样品，也可用同一溶剂萃取不同的样品。可同时装入12个或24个萃取池连续萃取。ASE200型萃取仪萃取池的体积为1mL、5mL、11mL、22mL、33mL、34mL、66mL和100mL。

快速溶剂萃取的突出优点，与索氏提取、超声萃取、微波萃取、超临界萃取和经典的分液漏斗振摇萃取等传统方法的比较见表3-1。快速溶剂萃取有如下突出优点：有机溶剂用量少，10g样品仅需15mL溶剂，减少了废液的处理；快速，完成一次萃取全过程的时间一般仅需15min；基体影响小，可进行固体、半固体的萃取（样品含水75％以下），对不同基体可用相同的萃取条件；由于萃取过程为垂直静态萃取，可在充填样品时预先在底部加入过滤层或吸附介质；方法发展方便，已成熟的用溶剂萃取的方法都可在快速溶剂萃取法中使用；自动化程度高，可根据需要对同一种样品进行多次萃取，或改变溶剂萃取，所有这些可由用户自己编程，全自动控制；萃取效率高，选择性好；使用方便、安全性好。

表 3-1 ASE 技术与现有的萃取技术的比较

技术名称	平均萃取时间	平均溶剂使用量/mL
索氏提取	4～48h	200～500
自动索氏提取	1～4h	50～100
超声萃取	0.5～1h	150～200
微波萃取	0.5～1h	25～50
ASE 快速溶剂萃取	12～20min	15～45

ASE 通过选择合适的有机溶剂、升高温度（50～200℃）和增大压力（10.3～20.6MPa）来提高萃取过程的效率。ASE 的优点有：有机溶剂用量少，1g 样品仅需要 1.5mL 溶剂；提取速度快，一般仅需 15min 左右；回收率高。所以 ASE 被美国环保局（EPA）选定为推荐的标准方法，广泛用于环境、药物、食品和高聚物等样品的前处理，特别是农药残留的分析。

3. 微波萃取（ME）

微波萃取（microwave-assisted extraction，ME）方法是把极性溶剂或极性溶剂和非极性溶剂的混合物与被萃取样品混合，放入微波制样系统中，在密闭状态下加热进行连续萃取的方法，如图 3-11 所示。

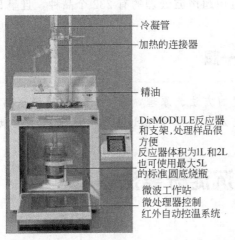

图 3-11 微波萃取仪

微波萃取主要利用微波能量被生物样品吸收可以使细胞内部的温度快速上升，从而细胞破裂，有效成分流出。同时微波所产生的电磁场，可加速被萃取组分的分子由固体内部向固液界面扩散的速率。微波萃取具有以下的特点：

（1）试剂用量少、节能、污染小。

（2）加热均匀，且热效率较高。

（3）微波萃取无需干燥等前处理，不受物质含水量的影响，回收率较高。

（4）微波萃取的处理批量较大，萃取效率高，省时。

（5）微波萃取的选择性较好。由于微波可对萃取物质中的不同组分进行选择性加热，因而可使目标组分与基体直接分离开来，从而可提高萃取效率和产品纯度。

在操作时，根据被萃取组分的要求，控制萃取压力或温度和时间；加热结束时，过滤样

品，滤液直接进行测定，或做相应处理后进行测定。一般情况下，微波萃取加热时间约为
5~10min。萃取溶剂和样品总体积不超过制样杯体积的1/3。

微波萃取主要用在食品检测中。在美国环保局认证了微波萃取的方法——EPA3546方
法，可选择性萃取肉类、鸡蛋和奶制品中的有机氯农药和除草剂，蘑菇、谷物中的真菌毒
素，猪肉中硫胺二甲嘧啶，蛋中氯霉素，海洋生物中甲基汞、砷和有机锡。

4. 超声波萃取（UE）

超声波萃取（ultrasound extraction，UE），亦称为超声波辅助萃取、超声波提取，是
利用超声波辐射压强产生的强烈空化效应、扰动效应、高加速度、击碎和搅拌作用等多级效
应，增大物质分子的运动频率和速度，增加溶剂穿透力，从而加速目标成分进入溶剂，促进
提取的进行。

（1）超声波提取原理　超声波提取技术的基本原理主要是利用超声波的空化作用来增大
物质分子的运动频率和速度，从而增加溶剂的穿透力，提高被提取成分的溶出速度。此外，
超声波的次级效应，如热效应、机械效应等也能加速被提取成分的扩散并充分与溶剂混合，
也有利于提取。

（2）超声波提取的特点　提取时不需加热，避免了常规加热对有效成分的不良影响，适
用于对热敏物质的提取；提高了有效成分的提取率；溶剂用量少，节约了溶剂；是一个物理
过程，在整个浸提过程中无化学反应发生，不会改变大多数成分的分子结构。

（3）超声波提取在食品检测中的应用　超声波提取在中药制剂质量检测中（药检系统）
已广泛应用。《中华人民共和国药典》中，应用超声波处理的有232个品种，且呈日渐增多
的趋势。

💡 想一想

在滴定分析中，我们学过检测水质硬度的方法、原理，其中，当需要测定钙硬度时，
需要调节溶液的pH值为10~12，你知道为什么调节pH值测定出来的硬度就是钙硬
度呢？

任务三　沉淀分离法

💡 任务要求

1. 熟悉沉淀分离与共沉淀分离的原理及方法；
2. 了解生物大分子沉淀分离法的应用；
3. 能进行普通沉淀分离操作；
4. 能进行离心沉淀分离操作。

沉淀分离法是利用沉淀反应使被测离子与干扰离子分离的一种方法。它是在试液中加入
适当的沉淀剂，并控制反应条件，使待测组分沉淀出来，或将干扰组分沉淀除去，从而达到
分离的目的。在定量分析中，沉淀分离法只适用于常量组分分离而不适合于微量组分的分
离，对于微量组分则采用共沉淀法进行分离。

一、常量组分的沉淀分离

【课堂扫一扫】

常量组分沉淀分离法是依据溶度积原理，通过控制一定的反应条件，在试液中加入适当

二维码3-10　常量
组分的沉淀分离

的沉淀剂，使待测组分或者干扰组分沉淀下来，从而达到分离的目的。对沉淀反应的要求是所生成的沉淀溶解度小、纯度高、稳定。既要使待测组分沉淀完全，又要使干扰组分不污染沉淀。

在沉淀反应中，为使试样产生沉淀而加入的试剂称为沉淀剂。常用的沉淀剂有无机沉淀剂和有机沉淀剂两种。有机沉淀剂具有生成的沉淀物溶解度小、分子量大、易于过滤和洗净，以及沉淀反应具有较好的选择性和分离效果等优点，故有机沉淀剂被越来越多地使用和研究。

1. 无机沉淀剂分离法

一些金属的氢氧化物、硫化物、碳酸盐、草酸盐、硫酸盐、磷酸盐和卤化物等具有较小的溶解度，可用于沉淀分离。其中以氢氧化物沉淀分离法和硫化物沉淀分离法用得较多。

（1）氢氧化物沉淀分离法　对于氢氧化物主要通过控制溶液 pH 值来进行沉淀。根据溶度积原理，可估算出金属离子氢氧化物开始析出沉淀和沉淀完全时溶液的 pH 值。

$$M^{n+} + nOH^- \rlap{=\!=} M(OH)_n \downarrow$$

设金属离子的初始浓度为 c_M mol/L，则开始析出沉淀时的溶液的 pH 值可用下式估算：

$$[OH^-] = \sqrt[n]{\frac{K_{sp}}{c_M}} \tag{3-6}$$

$$pOH = -\lg[OH^-]$$

$$pH = 14 - pOH$$

一般当金属离子浓度降至 10^{-5} mol/L 时，误差可小于 0.1%，沉淀的析出符合定量要求，故沉淀完全时的溶液 pH 值可用下式估算：

$$[OH^-] = \sqrt[n]{\frac{K_{sp}}{10^{-5}}} \tag{3-7}$$

$$pH = -\lg[OH^-]$$

$$pH = 14 - pOH$$

应该指出，这种估算所得到的 pH 值与实际所需控制的 pH 值有一定的出入。这主要是由于：沉淀的析出和沉淀的条件有关（如温度、速度、沉淀的形态和颗粒大小等）；没考虑溶液中金属离子可能与 OH^- 或其他阴离子形成络离子；所用文献上的 K_{sp} 是适用于稀溶液中的活度积，实际溶液都有离子强度的影响。由于以上原因，故所估算的 pH 值只能作参考。

表 3-2 和表 3-3 列出了各种氢氧化物沉淀的 pH 值，虽然是结合了某些实际因素所得，但在使用时，也还应考虑被沉淀离子的浓度、共存的阴离子、溶液的温度以及影响沉淀作用的其他因素。

表 3-2　常见氢氧化物沉淀和溶解时所需的 pH 值

项目	pH 值				
	开始沉淀		沉淀完全	沉淀开始溶　解	沉淀完全溶　解
	原始浓度(1mol/L)	原始浓度(0.01mol/L)			
$Se(OH)_4$	0	0.5	1.0	13	>14
$Ti(OH)_2$	0	0.5	2.0		
$Tl(OH)_2$		0.6	约1.6		
$Ce(OH)_4$		0.8	1.2		
$Sn(OH)_2$	0.9	2.1	4.7	10	13.5
$ZrO(OH)_2$	1.3	2.3	3.8		
$Fe(OH)_3$	1.5	2.3	4.1		
HgO	1.3	2.4	5.0		
$In(OH)_3$		3.4		14	
$Ga(OH)_3$		3.5		9.7	
$Bi(OH)_3$		4			
$Al(OH)_3$	3.3	4.0	5.2	7.8	10.8
$Tb(OH)_4$		4.5			
$Cr(OH)_3$	4.0	4.9	6.8	12	>14
$Cu(OH)_2$	5.0				
$Be(OH)_2$	5.2	6.2	8.8		
$Zn(OH)_2$	5.4	6.4	8.0	10.5	12~13
$Ce(OH)_3$		7.1~7.4			
$Fe(OH)_2$	6.5	7.5	9.7	13.5	
$Co(OH)_2$	6.6	7.6	9.2	14	
$Ni(OH)_2$	6.7	7.7	9.5		
$Cd(OH)_2$	7.2	8.2	9.7		
Ag_2O	6.8	8.2	11.2		
$Pb(OH)_2$		7.2	8.7	10	
$Mn(OH)_2$	7.8	8.8	10.4	14	13
$Mg(OH)_2$	9.4	10.4	12.4		
稀土		6.8~8.5	约9.5		
$WO_3(nH_2O)$		约0	约0		
$SiO_2(nH_2O)$		<0		7.5	约8
$Nb_2O(nH_2O)$		<0		约14	
$Ta_2O_3(nH_2O)$		<0		约14	
$PbO_2(nH_2O)$		<0		12	

表 3-3 从酸性溶液和碱性溶液析出氢氧化钠的 pH 值顺序

项目	开始沉淀 pH 值	沉淀离子(初始浓度为 0.01~1mol/L)
从酸性溶液中提高 pH 值析出沉淀	约为 0	Sb^{3+}、Sb^{5+}、MoO_4^{2-}、WO_4^{2-}、Ge^{4+}、Ti^{4+}
	约为 1	Nb^{5+}、$Ta^{5+}(0.6)$、$Ce^{4+}(1.2)$、Ti^{3+}
	约为 2	Os^{4+}、Zr^{4+}、Hf^{4+}、Sn^{2+}、$Fe^{3+}(2.3)$、Hg^{2+}、Bi^{3+} (NaCl 存在下)
	约为 3	Hg^{2+}、Ga^{3+}、In^{3+}、$Th^{4+}(3.5)$
	约为 4	Al^{3+}、U^{4+}、Ir^{6+}、Ti^{3+}
	约为 5	Cr^{3+}、Mn^{4+}、Bi^{3+}、UO_2^{2+}
	约为 6	$Cu^{2+}(5.5)$、Be^{2+}、$Se^{3+}(5.9)$、Zn^{2+}、Ru^{3+}、Rh^{3+}、Pd^{2+} (成氨配合物,此时 Pt^{2+} 成 $PtCl_4^{2-}$ 不沉淀)
	约为 7	$Y^{3+}(6.8)$、Sm^{3+}、Fe^{2+}、Ni^{2+}、Co^{2+}、$Ce^{3+}(7.4)$、$Pb^{2+}(7.8)$
	约为 8	$Ag^{+}(8.0)$、Cd^{2+}、La^{3+}
	约为 9	Mn^{2+}
	约为 10	Mg^{2+}
	>12	$Ca^{2+}(12)$、$Sr^{2+}(14)$、$Ba^{2+}(14,浓度大时)$
	>12	NbO_3^{-}、$TaO_3^{-}(12.6)$、$Pb^{2+}(13.0)$
从碱性溶液析出沉淀	约为 12	Zn^{2+}、$Be(12.0)$
	约为 11	Al^{3+}、$Sb^{3+}(12.0)$
	约为 10	$Ga^{3+}(9.7)$
	约为 9	MoO_4^{2-}、$WO_4^{2-}(9)$

由表 3-2 和表 3-3 可见,不同金属离子氢氧化物沉淀析出的 pH 值是不相同的,因此通过控制溶液 pH 值可使金属离子相互分离。常用的控制溶液 pH 值试剂有 NaOH、氨水加铵盐溶液(NH_3-NH_4Cl)。其中 NaOH 是强碱可以控制 pH 值在 12 以上,可使两性氢氧化物溶解而与其他氢氧化物沉淀分离。氨水加铵盐可调节溶液的 pH 值为 8~9,使高价金属离子沉淀而与大部分一、二价金属离子分离。同时 Ag^{+}、Cu^{2+}、Ni^{2+}、Co^{2+}、Zn^{2+} 因形成氨络离子而留于溶液中,分离情况列于表 3-4 中。

表 3-4 几种试剂进行氢氧化钠沉淀分离的情况

沉淀剂	控制 pH 值	定量沉淀的离子	部分沉淀的离子	留于溶液中的离子
氢氧化钠	>12	Mg^{2+}、Cu^{2+}、Ag^{+}、Au^{+}、Cd^{2+}、Hg^{2+}、Ti^{4+}、Zr^{4+}、Hf^{4+}、Th^{4+}、Bi^{3+}、Fe^{3+}、Co^{2+}、Ni^{2+}、Mn^{2+},稀土等	Ca^{2+}、Sr^{2+}、Ba^{2+}、$Nb(V)$、$Ta(V)$	AlO_2^{-}、CrO_2^{-}、ZnO_2^{2-}、PbO_2^{2-}、SnO_2^{2-}、GeO_3^{2-}、GaO_2^{-}、BeO_2^{2-}、SiO_3^{2-}、WO_4^{2-}、MoO_4^{2-}、VO^{3-}
NH_3-NH_4Cl	8~10	Hg^{2+}、Be^{2+}、Fe^{3+}、Al^{3+}、Cr^{3+}、Bi^{3+}、Sb^{3+}、Sn^{4+}、Ti^{4+}、Zr^{4+}、Hf^{4+}、Th^{4+}、Ga^{3+}、In^{3+}、Tl^{3+}、Mn^{4+}、$Nb(V)$、$Ta(V)$、$U(VI)$,稀土	Mn^{2+}、Fe^{2+}、Pb^{2+}	$Ag(NH_3)^{2+}$、$Cu(NH_3)_4^{2+}$、$Cd(NH_3)_4^{2+}$、$Co(NH_3)_6^{3+}$、$Ni(NH_3)_4^{2+}$、$Zn(NH_3)_4^{2+}$、Ca^{2+}、Sr^{2+}、Ba^{2+}、Mg^{2+} 等

在某一 pH 值范围内，往往有数种金属离子同时析出氢氧化物沉淀，故用于分离金属离子的选择性并不高。此外由于金属氢氧化物为无定形沉淀，共沉淀现象较为严重，所以分离效果也不够理想。若与掩蔽剂相结合，并在小体积、大浓度、高电解质、加热条件下进行沉淀，使得到的沉淀含水量小且较紧密，以减小吸附共沉淀现象，氢氧化物沉淀分离法还是有一定实用意义的。

（2）硫化物沉淀分离法　除碱土金属外，许多重金属离子能生成硫化物沉淀。由于它们的溶解度不同，故沉淀所需要的 S^{2-} 浓度不同。由于 S^{2-} 是弱酸根，在水溶液中以 S^{2-}、HS^- 和 H_2S 三种形体存在，$c_{[S]} = [S^{2-}] + [HS^-] + [H_2S]$，当总浓度 $[S^{2-}]$ 一定时，其中沉淀剂 S^{2-} 的浓度与酸度有关。

从定量分离的角度来看，硫化物分离的选择性也不高。此外，硫化物沉淀大多是胶状沉淀，共沉淀现象比较严重，而且还存在后沉淀现象（如 ZnS 在 CuS 表面上的后沉淀等），故分离效果不理想。尽管如此，硫化物沉淀分离法对于分离和除去某些重金属离子仍是很有效，在一些试剂生产工艺中也常被采用。

如果用硫代乙酰胺代替 H_2S 作沉淀剂，则分离效果会得到改善。硫代乙酰胺在酸性溶液加热时，发生水解而产生 H_2S，在碱性溶液中加热产生 S^{2-}：

$$CH_3CSNH_2 + 2H_2O + H^+ \Longrightarrow CH_3COOH + H_2S + NH_4^+$$
$$CH_3CSNH_2 + 3OH^- \Longrightarrow CH_3COO^- + S^{2-} + NH_3 + H_2O$$

由于 H_2S 和 S^{2-} 是缓慢析出，沉淀作用属于均相沉淀，又在热溶液中进行沉淀，故可得到性能较好的硫化物沉淀，且沉淀易于过滤和洗净，减小了共沉淀现象，因而分离效果比较直接用 H_2S 或 NH_4S 要好。

2. 有机沉淀剂分离法

有机沉淀剂品种较多，按与无机离子反应的机理，可以分为三大类：生成简单盐的沉淀剂；生成螯合物的沉淀剂；生成三元配合物的沉淀剂。

（1）生成简单盐的沉淀剂　这类试剂为有机酸或有机碱，它们可以与无机离子以共价键方式生成盐。例如四苯硼酸与 K^+ 反应生成 $KB(C_6H_5)_4$，$KB(C_6H_5)_4$ 的溶解度很小，组成恒定，烘干后即可直接称量，所以四苯硼酸是测定 K^+ 较好的沉淀剂。

（2）生成螯合物的沉淀剂　这类有机沉淀剂是 HL 型或 H_2L 型（H_3L 型很少）螯合剂，分子中至少含有两个基团，一个是酸性基团，如—OH、—COOH、—SO_3H、—SH 等；另一个是碱性基团，如—NH_2、=NH、≡N、=CO、=CS 等。金属离子取代酸性基团的氢，并以配位键与碱性基团作用，形成环状结构的螯合物。由于整个分子无电荷，且具有较大的疏水基（烃基），故螯合物溶解度很小，从水溶液中析出沉淀，借此与不和螯合剂反应的金属离子分离。

这种螯合剂是有机沉淀剂中最多的一种。其中一些选择性较高，如丁二酮肟，只与 Ni^{2+}、Pt^{2+}、Fe^{2+} 生成沉淀，与 Co^{2+}、Cu^{2+}、Zn^{2+} 等虽然有反应，但生成的螯合物是水溶性的。在氨性水溶液中，有柠檬酸或酒石酸存在（可防止 Al^{3+}、Fe^{3+}、Cr^{3+} 等水解沉淀）下，丁二酮肟沉淀分离 Ni^{2+} 几乎是特效的。

再如 α-亚硝基、β-萘酚，可在 pH=6～8 介质中沉淀 Co^{2+}。

此时虽然 Fe^{3+}、Cr^{3+}、Ti^{4+}、Cu^{2+}、Pb^{2+} 等也生成沉淀，但当沉淀生成后，可加入 2mol/LHCl 溶液，则其他金属离子的沉淀都被分解而转入溶液，但生成钴螯合物沉淀并不因酸化而分解。因此，该方法可将 Co^{2+} 与大多数元素分离。

（3）生成三元配合物的沉淀剂　金属离子与两种官能团形成的配合物称三元配合物。吡啶在 SCN^- 存在下可与 Ca^{2+}、Co^{2+}、Mn^{2+}、Cd^{2+}、Zn^{2+}、Ni^{2+} 形成三元配合沉淀 $[M(C_6H_5N)_2CN_2]$。三元配合物灵敏度高、选择性好、水溶性小，而且生成沉淀组成稳定，摩尔质量大。

二、微量组分的共沉淀分离

【动画扫一扫】　　　　　　　　　　　　　　　　　　　　　【课堂扫一扫】

二维码3-11　共沉淀
宏观与微观过程

二维码3-12　微量
组分的共沉淀分离

当难溶化合物（常量物质）的沉淀从溶液中析出时，共存于溶液中的某些可溶的（离子浓度未超过溶度积或处于过饱和亚稳态）微痕量物质被一齐带入沉淀中的现象称为共沉淀。在重量分析中共沉淀现象是一种不利因素，因为它使所得沉淀混有杂质，使总测定结果带来误差，因而总是要设法消除。但在分离方法中，共沉淀却被作为有利因素来使用，即设法让常量沉淀物质能定量地共沉淀某些微痕量组分，以达到分离和富集微痕量组分的目的。例如，海水中含 UO_2^{2+} 量为 $2\sim3\mu g/L$，不能将铀直接测定和沉淀分离。但可在 1L 海水中调 pH 值为 $5\sim6$，用 $AlPO_4$ 共沉淀 UO_2^{2+}，过滤洗涤后，再将沉淀物用 10mL 盐酸溶解。如此，既将铀从海水的复杂成分中分离出来，又将铀的浓度富集了 100 倍。

在共沉淀分离法中，所使用的常量沉淀物质称为载体或共沉淀剂（又称按集剂或捕集剂）。作为共沉淀的载体必须具备的条件是：①对微痕层组分的共沉淀既具选择性，又是定量的；②载体本身不干扰微痕量组分的测定，易被除去或易被掩蔽；③有高效的共沉淀效率，以便取得较高的富集倍数。

根据所使用的载体不同，共沉淀分离法可分为无机共沉淀分离法和有机共沉淀分离法两大类。

无机共沉淀分离法所使用的载体为无机化合物，按其共沉淀的作用机理又可进一步分为如下几类。

1. 吸附共沉淀

微量组分吸附在常量物质沉淀的表面上，或随常量物质的沉淀一边进行表面吸附，一边继续沉淀而包藏在沉淀内部（又称吸留或包夹），从而使微量组分由液相转移到固相的现象，称为吸附共沉淀。

该方法常用的载体有 $Fe(OH)_3$、$Al(OH)_3$、$Mn(OH)_2$ 及硫化物等。由于它们是表面积大、吸附力强的非晶形胶体沉淀，故有较高富集效率。例如，分离含铜溶液中的微量铝，仅加氨水不能使铝以 $Al(OH)_3$ 沉淀析出，若加入适量 Fe^{3+} 和氨水，则利用生成的

Fe(OH)$_3$作载体，将 Al(OH)$_3$ 沉淀出来，达到与母液 Cu(NH$_3$)$_4^{2+}$ 分离的目的。

2. 单质晶核共沉淀

溶液中的一些微量元素的离子，可以被某些试剂还原成单质状态而聚集成晶核。若另一常量物质，在此条件下也能被还原成单质状态，并在微量物质的晶核上聚集，使晶核长大成沉淀，则该常量物质即作为载体将微量元素一起共沉淀下来。这种通过形成单质晶核共沉淀来分离、富集微量物质的方法，在适当的介质条件，选择合适的还原剂的情况下，具有较好的选择性。

3. 混晶共沉淀

微量组分以离子、原子、分子或晶格单晶进入常量物质载体的晶体中而随常量物质沉淀的现象，叫混晶共沉淀，又称固溶体共沉淀。

当欲分离微量组分及沉淀剂组分生成沉淀时，如具有相同的晶格，就可能生成混晶共同析出。例如，硫酸铅和硫酸锶的晶形相同，如分离水样中痕量 Pb^{2+}，可加入适量 Sr^{2+} 和过量可溶性硫酸盐，则生成 PbSO$_4$-SrSO$_4$ 混晶，将 Pb^{2+} 共沉淀出来。有资料介绍以 SrSO$_4$ 作载体，可以富集海水中 10^{-8}g/L 的 Cd^{2+}。

三、生物分子沉淀分离

【课堂扫一扫】

二维码3-13 生物
分子沉淀分离

1. 等电点法

氨基酸、核苷酸和许多同时具有酸性及碱性基团的生物小分子，以及蛋白质、酶、核酸等生物大分子都是一些两性电介质。蛋白质的带电性与溶液的 pH 值有关，一般来说，pH 值大，蛋白质带负电，pH 值小，蛋白质带正电。当溶液的 pH 值为某一值的，蛋白质不带电荷，这时的溶液 pH 值常用 pI 表示，称为等电点，不同蛋白质的 pI 值不同。

蛋白质的溶解度与溶液的 pH 值有关，通常，在溶液的 pH 值等于某蛋白质的 pI 值时，该蛋白质的溶解度最小。这是因为，不论蛋白质分子带何种电性，皆因静电斥力的缘故，促使蛋白质互不凝聚，因而也不易沉淀。如果 pH＝pI，此时因蛋白质分子不带电荷，静电斥力最小，于是蛋白质就相互凝聚并沉淀。蛋白质分级沉淀法的依据，就是基于不同蛋白质具有不同等电点的这一电特性，依次改变溶液的 pH 值，使具有不同 pI 值的蛋白质，依次沉淀，从而达到分离不同蛋白质的目的。

等电点沉淀法主要是利用两性电解质分子在电中性时溶解度最低，而各种两性电解质具有不同等电点而进行分离的一种方法。在处于等电点时的 pH 值，再加上其他沉淀因素，则两性电解质很易沉淀析出。如不加其他沉淀因素，带有水膜的大分子如蛋白质等仍有一定溶解度，不易沉淀析出。许多蛋白质的等电点十分接近，单独使用此法效果不理想，分辨率也差。一般等电点沉淀法用于提取液中除去杂蛋白，如在工业上生产胰岛素时，在粗提取液中先调 pH＝8.0 除去碱性蛋白质，再调至 pH＝3.0 除去酸性蛋白（以上均加入一定有机溶剂以提高沉淀效果）。

利用等电点除杂蛋白的方法须事先了解所制备的物质对酸碱的稳定性，不然，盲目使用是很危险的。不少蛋白质与金属离子结合后，等电点会发生偏移，如胰岛素等电点为 5.3，

与 Zn^{2+} 结合后，形成胰岛素锌盐，其等电点为 6.2，故加入金属离子后选择在等电点沉淀时，必须注意调整 pH 值。等电点法常和盐析法、有机溶剂法一起使用，可以提高其沉淀能力。

应用案例

牛奶中酪蛋白的提取

牛奶中的主要蛋白质是酪蛋白，含量约为 2.6g/100mL。酪蛋白是含磷蛋白质的混合物，密度为 1.25～1.31，不溶于水、醇、有机溶剂，等电点为 4.8，利用等电点时溶解度最低的原理，将牛奶的 pH 值调至 4.8 时，酪蛋白就沉淀出来。用乙醇洗涤沉淀物，除去脂质杂质后便可得到纯的酪蛋白。

2.盐析法

因为大幅度改变蛋白质溶液的 pH 值，极有可能会使蛋白质变性，于是，另一沉淀法，即盐析法也就应运而生。从实验知道，蛋白质的溶解度显著地随溶液中盐浓度的增加而减小，盐析一般是指溶液中加入无机盐类而使某种物质溶解度降低而析出的过程。加入的盐称为盐析剂，常用的盐析剂是硫酸铵。如加浓 $(NH_4)_2SO_4$ 使蛋白质凝聚，如图 3-12 所示。

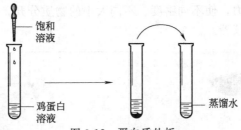

图 3-12　蛋白质盐析

为了提高酶与蛋白质的沉淀效果，盐析法常可配合以其他方法一起使用。例如，某些溶剂，如丙酮、乙醇等也都具有沉淀作用，在酶或蛋白质的精制过程中，它们均可作为一种良好的沉淀剂来使用。

此外，某些杂质酶在较高温度时比目的酶更易变性，而变性后的酶溶解度减小，容易沉淀。因此，对这些杂质酶常可令其加热变性后，再除去。

广义的沉淀包括结晶，但与其说结晶在纯化精制中处于重要地位，不如说以混合体系对产物进行粗分离更为重要。

选择性变性沉淀法主要是破坏杂质，保存目的物。其原理是利用蛋白质、酸和核酸等生物大分子对某些物理或化学因素敏感性不同，而有选择地使之变性沉淀，使达到分离提纯的目的。有以下方法可供选用。

(1) 利用表面活性剂或有机溶剂引起变性，如制备核酸时，加入含水酚、氯仿、十二烷基磺酸钠等有选择地使蛋白质变性与核酸分离。

(2) 利用对热的稳定性不同，加热破坏某些组分，而保存另一些组分。如脱氧核糖核酸酶对热稳定性比核糖核酸酶差，加热处理可使混杂在核糖核酸酶中的脱氧核糖核酸酶变性沉淀。又如由黑曲霉发酵制备脂肪酶时，常混杂有大量淀粉酶，当把混合粗酶液在 40℃ 水浴中保温 2.5h 时 (pH＝3.4)，90％以上的淀粉酶将受热变性而除去。热变性方法简单易行，在制备一些对热稳定的小分子物质过程中，对除去一些大分子蛋白质和核酸特别有用。

(3) 选择性的酸碱变性　调节 pH 值可以除去杂蛋白的方法。利用酸、碱变性有选择地除去杂蛋白在生化制备中的例子很多，如用 25％ 浓度的三氯乙酸处理胰蛋白酶、抑肽酶或细胞色素 C 粗提取液，均可除去大量杂蛋白，而对所提取的酶活性没有影响。有时还把酸碱变性与热变性结合起来使用，效果更为显著。但应用前，必须对制备物的热稳定性及酸碱稳定性有足够了解，切勿盲目使用。例如胰蛋白酶在 pH＝2.0 的酸性溶液中可耐极高温，而且热变性后所产生的沉淀是可逆的。冷却后沉淀溶解即可恢复原来的活性。有些酶与底物或者竞争性抑制剂结合后，则可以采用较强烈的酸碱变性和加热方法除去杂蛋白。

由于菌体分离有时将若干有效成分带入过滤的滤渣或离心的沉淀中，故为了提高收率，而一般采用二次菌体分离法，将夹带的有效成分回收到清液中。

四、沉淀分离的基本操作（离心机使用）

【操作扫一扫】

二维码3-14 离心机
的使用

离心机是分离沉淀和生物大分子实验中经常使用到的一种仪器，如图 3-13 所示，它借助转轴高速旋转产生离心力，使不同密度、不同大小的物质分开，能达到初步分离纯化的目的，是实验室必不可少的仪器。

图 3-13 离心机

离心机按照转速可以分为低速（＜8000r/min）、高速（8000～20000r/min）、超速（＞50000r/min）三种类型；根据体积大小和摆放位置又可分为台式离心机和落地式离心机。台式离心机体积比较小，常是中低速离心机，常用于一般分子生物学实验；落地式离心机体积较大，常带有控温装置，大多是高速离心机，常用于制备、初步分离、大规模离心操作，以及用于一些要求控制温度的离心操作。

离心机一般放在干燥、避免阳光直射的地方。离心机散热量比较大，周围不要堆放杂物，四周离墙壁、挡板等不透气、散热性差的物品至少 10cm 以上。同时，离心机尽量单独放在一个房间，周围绝对不要放有机试剂、易燃品，离心机的一旦发生事故，会产生气浪及转头会飞出，导致药品试剂洒出，造成严重后果。

我们应该根据实验所需选择合适规格大小的离心管，对含有有机试剂的液体要用特殊的离心管；选择合适的转头，转速绝对禁止超过转头标明的最高转速，发生事故大多是由转头使用的错误导致的。离心管和转头的正确使用是非常关键的，尤其是离心管的对称放置和重量配平，同时应该注意离心管和转头可以承受的最大重量的溶液，液体最多装离心管全体积的 3/4。

每次使用完毕，都要将离心机盖打开，使得热量降低或者水汽自然蒸发，如之前进行了低温离心，可能有结冰，则要等冰融化，及时用干燥棉纱布擦洗干净，等无明显水汽时再盖上盖子。如果离心机转头可以替换，则每个转头使用完毕后都要及时取出，用干净的、干燥的医用纱布擦洗干净，倒扣放置，切勿使用锐器刮擦。铝转头更应该经常清洗，同时离心机要经常进行保养、检修，操作人员离开时候要切断电源。初次使用者要请教以前使用过的人员或者以参考说明书为主，切勿盲目使用。

💡 **想一想**

我们在仪器分析中，学过离子色谱法，你知道它原理吗？

任务四　离子交换分离法

💡 **任务要求**

1. 熟悉离子交换分离的概念、原理及方法；
2. 理解离子交换剂性能特征及其应用；
3. 能在实验室内进行离子交换分离操作。

离子交换分离法是利用离子交换剂与溶液中的离子发生交换作用而进行分离的方法。通过离子交换分离法，对欲测组分与干扰组分进行分离。此方法已广泛地应用于分析测试中大量干扰元素的除去、微量元素的分离和富集、水及化学试剂的纯化等。离子交换分离法是现代分析化学中重要的化学分离技术之一。

离子交换分离法显著的特点是操作简便、分离效率高，特别是功能性离子交换树脂，选择性分离效果更加突出。

离子交换的理论和实践进展很快。离子交换分离法在无机分析中已经成为一种有价值的、有时甚至是不可取代的分离方法；在有机分析和生物分析方面也变得日益重要。在痕量分析方面，离子交换分离法所取得的最大成功是 61 号元素银、101 号元素钌第一次被确认。

离子交换剂是离子交换分离法中核心组成物质，是指具有交换能力的所有物质，通常指固体离子交换剂。离子交换剂可分为无机离子交换剂和有机离子交换剂。

无机离子交换剂是由天然的（黏土、沸石类矿物）和合成的（合成沸石、分子筛、水合金属氧化物、多价金属酸性盐类、杂多酸盐等）化合物构成。有机离子交换剂是由人工合成的带有离子交换功能基团的高分子聚合物。目前应用广泛的是有机离子交换剂。有机离子交换剂也称离子交换树脂，如图 3-14 所示，下面主要介绍离子交换树脂的结构及分类。

一、离子交换树脂的结构及分类

【课堂扫一扫】

二维码3-15　离子
交换剂的结构及分类

图 3-14　离子交换树脂

1. 结构

目前，应用最广泛的离子交换剂是有机合成离子交换树脂。它是一种高分子聚合物，具有三维空间的网状结构。它由骨架和活性基团两部分组成，如图 3-15 所示。

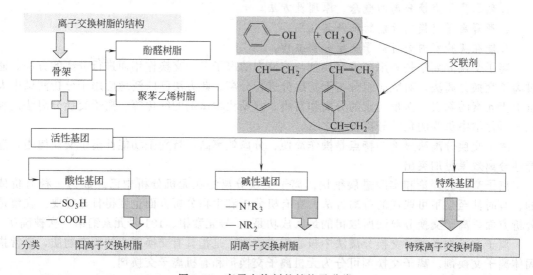

图 3-15　离子交换剂的结构及分类

骨架是由单体和交联剂两者聚合而成的具有网状结构的高分子聚合物。网状结构的树脂骨架十分稳定，与酸、碱、某些有机溶剂和一般的弱氧化物都不起作用，对热也较稳定。最常用骨架是酚醛树脂和聚苯乙烯型树脂。酚醛树脂的骨架是由苯酚-甲醛缩聚而成，苯酚为单体，甲醛为交联剂，可以连接—OH 交换官能团，在其对位还可以连接—SO_3H 交换官能团。聚苯乙烯型树脂的骨架是由苯乙烯-二乙烯苯聚合而成，苯乙烯为单体，二乙烯苯为交联剂，可以连接交换官能团—SO_3H、—COOH、—N $(CH_3O)_3OH$ 等。

活性基因又叫交换功能团，由固定基和可交换离子两部分组成。如—SO_3H 交换基团，—SO_3^- 为固定基，H^+ 为交换离子。活性基因按其性能可分为酸性基团（如—SO_3H、—COOH）、碱性基团（如—NH_3OH、—H_2CH_3OH）、特殊基团。

2. 离子交换树脂类型

由图 3-15 可以看出，根据树脂上可被交换的活性基因的不同，可以把树脂分为阳离子交换树脂、阴离子交换树脂、特殊离子交换树脂等三大类。

（1）阳离子交换树脂　这类树脂的活性基团是酸性基团，如磺酸基（—SO_3H）、亚甲基磺酸基（—CH_3SO_3H）、磷酸基（—PO_3H）、羧基（—COOH）、羟基（—OH）等。按活性基团酸性强弱，可分为强酸性阳离子交换树脂、弱酸性阳离子交换树脂和混合型阳离子变换树脂。

① 强酸性阳离子变换树脂　这类树脂是以具有强酸性活性基团—SO_3H 为特征。若以 R 代表网状骨架部分，则可写的成 R—SO_3H。聚苯乙烯型强酸性阳离子树脂就属于这一类。因为硫酸基是强酸性基团，在溶液中可完全离解，所以，在酸性、中性或碱性溶液中都能与阳离子进行交换。

② 弱酸性阳离子交换树脂　这类树脂具有弱酸性的活性基团—COOH 和—OH。这类树脂受外界酸度的影响较大，—COOH 在 pH 值大于 4、—OH 在 pH 值大于 9.5 时才具有离子交换能力。这类树脂在分析中应用较少。

③ 混合型阳离子交换树脂　这类离子交换树脂兼含有上述两种阳离子交换树脂的活性基团，如酚醛型羧酸基阳离子交换树脂就属于这一类，它既含有磺酸基—SO_3H，含有酚羟基—OH。

（2）阴离子交换树脂　这类树脂的活性基因是碱性基团，如—NH_3OH、—H_2CH_3OH、—$NH(CH_3)_3OH$、—$N(CH_3)_3OH$ 都含有可电离的 OH^-，能与其他的阴离子进行交换。这类树脂按照活性基团的碱性强弱，可分为强碱性阴离子交换树脂和弱碱性阴离子交换树脂。

① 强碱性阴离子交换树脂　这类树脂的活性基团具有强碱性，如—$N(CH_3)_3OH$，活性基团在水溶液中电离出 OH^-，能与阴离子进行交换。由于季铵离子能完全电离出 OH^-，在酸性、碱性和中性溶液中都能进行变换。

② 弱碱性阴离子交换树脂　这类树脂的活性基团具有弱碱性，如—NH_3OH、—NH_2CH_3OH、—$NH(CH_3)_2OH$ 活性基团上电离的 OH^- 与其他阴离子进行交换。此类树脂对 OH^- 亲和力大，随溶液中碱性增强，离子交换能力降低。

（3）特殊离子交换树脂　特殊离子交换树脂是指具有特殊活性交换基团的离子交换树脂。如同时含有酸、碱两种基团的树脂称为两性树脂；含有具有螯合能力的树脂称为螯合树脂；能使某些离子发生氧化还原反应的离子交换树脂，交换过程是电子的转移，所以称为氧化还原树脂。

二、离子交换树脂的性质

【课堂扫一扫】

二维码3-16　离子
交换树脂的性质

离子交换树脂的性质，主要可分为物理性质和化学性质。

1. 物理性质

（1）外观　离子交换树脂一般为淡黄色、乳白色、褐色或黑色球状物，如图 3-14 所示。有的树脂在交换过程中会发生颜色变化。树脂颗粒的大小用粒度表示，树脂的粒度通常以筛的网目表示，如 60 网目、80 网目、100 网目等。粒度对离子交换性能有一定影响，一般说来，粒度小交换速度快。但颗粒太小时流经树脂的溶液流速反而减慢。

（2）含水率　含水率指单位质量树脂所含的非游离水分的多少，一般用百分数表示。

离子交换树脂颗粒内的含水量是树脂产品固有的性质之一。它用单位质量、经一定方法除去外部水分后的湿树脂颗粒内所含水分的百分数来表示。离子交换树脂的含水量与树脂的类别、结构、酸碱性、交联度、交换容量、离子形态等因素有关。树脂在使用中如果发生链的断裂、孔结构的变化、交换容量的下降等现象，其含水量也会随之发生变化。因此，从树脂含水量的变化也可以反映出树脂内在质量的变化。

（3）溶胀性　将干燥的树脂浸泡于水溶液中，水便渗透到树脂中，使树脂的体积膨胀，这种现象称为树脂的溶胀。一般强酸性和强碱性离子交换树脂的溶胀性大；同类离子交换树脂其交换容量越大，溶胀性越大；在电解质浓度越大的溶液中树脂溶胀性越小；离子交换树脂中可交换离子的水合程度越大，树脂溶胀性也越大。

2. 化学性质

（1）交换容量　交换容量是离子交换树脂工作性能指标，它是指离子交换树脂交换能力大小。交换容量通常用每克干树脂或每毫升溶胀后的树脂所能交换的 1 价离子的物质的量表示。因为离子交换树脂的交换反应是在树脂的活性基团上发生的，单位体积（或质量）的离子交换树脂中活性基团的多少，决定离子交换树脂交换能力的大小。

一般氢型阳离子交换树脂的交换容量为 5.2mmol（H^+）/g（或 mol/kg 树脂）。钠型阳离子交换树脂的交换容量为 4.7mmol/g 干树脂。

交换容量测定的常用方法如下。

① 强酸性阳离子交换树脂　先用 1～2mol/L HCl 处理树脂使成为氢型阳离子交换树脂，取一定量处理过的树脂装入交换柱，用蒸馏水以 25～30mL/min 的流速清洗树脂层至中性。用 1mol/L NaCl 溶液以 3～5mL/min 流速通过树脂，流出液用标准 NaOH 溶液滴定（以甲基红或酚酞为指示剂），然后折算成 1L（或 kg）树脂或 1L 湿树脂所消耗 NaOH 的物质的量，即为此树脂的交换容量。

② 弱酸性阳离子交换树脂　取一定量氢型阳离子交换树脂装入交换柱中，然后以一定体积（过量）的标准碱溶液通过树脂，再用蒸馏水洗净，合并馏出液，用标准酸溶液滴定上述合并的馏出液（以甲基红为指示剂）。由消耗的标准碱的物质的量（mmol）算出该树脂的交换容量。

（2）交联度　从聚苯乙烯型磺酸基阳离子交换树脂的合成中可以看到，苯乙烯聚合只会制得长链的聚苯乙烯，二乙烯苯与苯乙烯共聚合才能得到具有网状结构的聚合物。这种分子与分子之间的相互联结称为"交联"，其中二乙烯苯是交联剂。离子交换树脂中，所含交联剂的质量分数，称为交联度。通常，树脂的交联度用符号"x-"表示。标有"x-4""x-6""x-10"的树脂，分别表示树脂的交联度为 4%、6%、10%。一般树脂的交联度都比较大，如 10% 等。这样的树脂在水中的溶解度很小，交联度也不宜过大，过大时树脂的网状结构过于紧密，网间的空隙过小，会妨碍外界离子扩散到树脂的内部，降低离子交换反应的速率。

（3）亲和力　离子交换树脂对离子交换吸附性的大小，被称为离子交换亲和力。因为离子交换树脂对离子的交换吸附主要是因为静电引力，因此，离子的相对半径小、电荷多，被交换吸附的能力强，故表现出该离子交换树脂对不同离子的亲和力。

一般来说，离子的水化程度随着离子半径的减小和电荷增多而增加，一个离子被交换程度的大小决定于水化离子的相对半径大小和电荷多少。同价离子中水合离子半径大的离子，也就是离子半径小者，其亲和力小，反之则大。

所以在常温下，低浓度的水溶液，亲和力随着离子价数的增加而增大，如 $Na^+ < Ca^{2+} < Al^{3+} < Th^{4+}$；同样，在常温下，低浓度的水溶液，价态相同的离子，亲和力随着水化离子半径的减小而减小，如 $K^+ > Na^+ > H^+ > Li^+$。

三、离子交换分离操作方法

【操作扫一扫】

二维码3-17(a)　离子
交换分离法的操作
(处理)

二维码3-17(b)　离子
交换分离法的操作
(装柱)

在分析工作中，为了分离或富集某种离子一般采用动态交换。这种交换方法在交换柱中进行，其操作过程如下。

1.树脂的选择和处理

根据分离的对象和要求，应选择适当类型的树脂和淋洗体系。选择时首先考虑分配比，分配比太高，溶液中的离子比较容易被吸附，但不易洗脱，树脂也不易再生。其次要考虑选择性系数，选择性系数接近的两种离子难以分开。例如，分离 Fe^{3+}、Co^{2+} 和 Ni^{2+} 时选用 AG50WX-8 型树脂和 $0.2mol/LHNO_3$ 淋洗体系，$D_{Fe}=4100$，$D_{Co}=392$，$D_{Ni}=384$。由于 D_{Fe} 远大于 D_{Co}，而 $D_{Co}D_{Ni}$ 接近，因此，在此酸度下，Fe^{3+} 与 Co^{2+} 和 Ni^{2+} 可分离，Co^{2+} 和 Ni^{2+} 难以分开。此时可在淋洗液中加入 $0.05mol/LEDTA$，当 $pH=5.0$ 时，可洗脱 Co^{2+}，$pH=10$ 时，可洗脱 Ni^{2+}，使两者分离。

市售树脂是分批提供的，都含有杂质，即使牌号相同不同批次的树脂其粒度和性质存在差别，使用前必须经过筛分、净化处理。相同的分离工作最好使用同批次的树脂，如果树脂粒度不足时，可通过研磨、筛分处理至满足需要。净化处理时首先将树脂（无论是阳离子交换树脂还是阴离子交换树脂）用 $3\sim5mol/L$ HCl 溶液浸泡 $24\sim48h$，然后用去离子水洗涤至呈中性。此时，阳离子交换树脂以氢型存在，阴离子交换树脂以 Cl^- 型存在。若要其他形式的树脂，可用相应的溶液对树脂进行转型处理。

2.装柱

常用的离子交换柱有实验室用小型玻璃柱和工业用大型离子交换设备如图 3-16、图 3-17 所示。

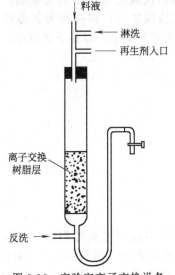

图 3-16　实验室离子交换设备

图 3-17　工业离子交换设备

　　选择下部有玻璃活塞的玻璃柱，柱长和柱径比通过实验确定。通常待分离离子分配比相差较小时，就需要较长的柱子。但柱子长，阻力加大，需加压才能维持一定的流量。玻璃柱下放玻璃纤维，以防止树脂流失。将选择和处理好的树脂浸于水中备用。在交换柱中充满水的情况下，把树脂装入柱中，一边加树脂一边轻敲柱子，使其填实以防止树脂层中夹有气泡。保持液面始终高于树脂层，以防止树脂干裂。装好树脂后上部再覆盖一层玻璃纤维。

　　3. 交换

　　交换柱先加入较低酸度的溶液，达平衡后，将待分离试液缓慢地注入柱内，以适当的流速从上向下流经交换柱进行交换吸附。如果是从大量溶液中富集痕量元素，试样溶液的酸度应尽可能低一些，以增加待富集组分的分配比，提高回收率。交换吸附完成后，用洗涤液（通常用去离子水或不含待测组分并对后继测定不干扰的试剂空白液）洗去残留试液和树脂中被交换下来的离子。

　　柱上离子交换吸附分离时，待交换的试液不断地流入到交换柱中，从上至下，树脂一层一层地依次被交换。当交换作用进行到某一时刻时，在交换柱的上层一段树脂已全部被交换，下面一段树脂完全没有交换，中间一段部分已交换，部分未交换。中间这一段称为交界层。如果此后继续使试液流入交换柱中，交换反应就继续向下进行，交界层中的树脂逐渐被全部交换，交界层下面的树脂也开始被交换。也就是说，交界层逐渐向下移动。如果以 c_0。表示试液中待交换离子的原始浓度，以 c 表示在树脂层某一高度时溶液中待交换离子的浓度，那么，随着交换的进行，交界层的逐渐下移，最后交界层的底部到达树脂层的底部。从交换作用开始直到这一刻为止，流入交换柱的溶液中待交换的离子全部被交换了，在流出液中待交换离子的浓度等于零。

　　4. 洗脱

　　当交换完毕之后，一般用蒸馏水洗去残存溶液，然后用适当的洗脱液进行洗脱。洗脱的作用是使交换到树脂上的离子，逐个从树脂上解吸下来。亲和力最小的离子，或与洗脱剂配合能力最强的离子，首先被洗脱下来，然后其他离子依次被洗脱下来，达到分离的目的。

　　洗脱开始时，树脂层最上层的离子被洗脱下来，流到树脂层的下层，流出液中离子浓度较低，随着洗脱剂的不断加入，流出液中离子浓度逐渐增大，然后又逐渐减小，直至全部被解吸，流出液中无该离子。

　　对于阳离子交换树脂常采用 HCl 溶液作为洗脱液，经过洗脱之后树脂转为氢型；阴离子交换树脂常采用 NaCl 或 NaOH 溶液作为洗脱液，经过洗脱之后，树脂转为氯型或氢氧型。一次分离完成后，使柱内树脂再生，将柱子恢复至交换前的状态，以备下次应用。

四、离子交换分离法的应用

【课堂扫一扫】

二维码3-18　离子
交换分离法的应用

1. 去离子水的制备

　　天然水中含有各种电解质，可用离子交换法纯化。该法用氢型强酸性阳离子交换树脂 $[R(SO_3H)_2]$ 除去水中的阳离子，交换出 H^+，再用强碱性阴离子交换树脂 $[R—NH_4OH]$ 除去水中的阴离子，交换出 OH^-，交换出来的 H^+ 和 OH^- 结合生成水。以水中 NaCl 的去除为例进行说明，如图 3-18 所示。

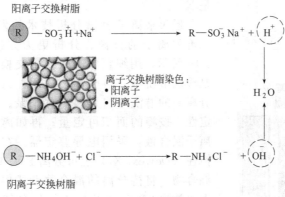

阳离子交换树脂

离子交换树脂染色：
· 阳离子
· 阴离子

阴离子交换树脂

图 3-18　去离子水的制备

在实际生产中，可以把阴、阳离子交换柱串联起来，串联的级数增加，水的纯度提高。但仅增加串联级数不能制得超纯水。因为柱上的交换反应多少会发生一些逆反应，例如 H^+ 又将 Ca^{2+} 交换下来，OH^- 又将 Cl^- 交换下来，因此在串联柱后再增加一级混合柱（阳离子树脂和阴离子树脂按 $1:2$ 体积比混合装柱），这样交换出来的 H^+ 及时与 OH^- 结合成水，可得到超纯水。

离子交换树脂交换饱和后失去净化作用，此时需要再生。再生是上述反应的逆过程，以强酸（如 HCl）处理阳离子交换柱，以强碱（如 NaOH）处理阴离子交换柱。混合柱应先利用密度的差别将两种树脂分开，分别再生后，再混合装柱。

2. 痕量元素的预富集——离子色谱法

离子交换技术在富集和分离微量或痕量元素方面得到较广泛的应用。采用仪器分析法（如原子吸收法或发射光谱法、分光光度法、极谱法等）直接测定痕量元素的含量尚有困难。一方面是由于仪器的检测限达不到测量要求；另一方面是由于大量基体干扰测定。用离子交换技术可将痕量元素从几升或几十升溶液中交换到小柱上，然后用少量淋洗液洗脱，这样痕量元素的富集倍数可达 $10^3 \sim 10^5$。一种测定到 10^{-6} mol/L 的方法，经离子交换富集后可测定到 $10^{-11} \sim 10^{-9}$ mol/L。为了富集痕量元素必须选择合适的离子交换剂-洗脱剂体系，使被富集元素对离子交换剂有很高的亲和力，被分离的离子间分配比相差很大，才能达到定量回收和有效分离的目的。一般分离过程是首先将样品转化成溶液，溶液中的待测痕量元素强烈地被吸附到树脂上，而基体元素则不被吸附。

例如，测定天然水中 K^+、Na^+、Ca^{2+}、Mg^{2+}、SO_4^{2-}、Cl^- 等组分，可取数升水样，让其流过阳离子交换柱，再流过阴离子交换柱，则各组分交换在树脂上。用几十毫升至 100mL 稀盐酸溶液洗脱阳离子，用稀氨溶液洗脱阴离子，这些组分的浓度能增加数十倍至百倍。又如，废水中 Cr^{3+} 的以阳离子形式存在，Cr（Ⅵ）以阴离子形式（CrO_4^{2-} 或 $Cr_2O_7^{2-}$）存在，用阳离子交换树脂分离 Cr^{3+}，而 Cr（Ⅵ）不能进行交换，留在流出液中，可测定不同形态的铬。

3. 性质相似元素的分离——高效离子交换色谱法

高效离子交换色谱法可分离性质相似的元素。例如用细颗粒阳离子交换柱，0.4mol/L α-羟基异丁酸，pH 值为 $3.1 \sim 6.0$ 条件下进行梯度淋洗，可在 38min 内将 14 种镧系元素中的 Sc^{3+}、Y^{3+} 分离。

离子交换色谱分离 Li^+、Na^+、K^+ 三种离子，将试液通过氢型强酸性阳离子交换柱，Li^+、Na^+、K^+ 都交换于柱的上端。用 0.1mol/L HCl 淋洗，由于树脂对 Li^+、Na^+、K^+ 的亲和力从大到小顺序是 K^+、Na^+、Li^+，因此，Li^+ 先被洗脱，其次是 Na^+，最后

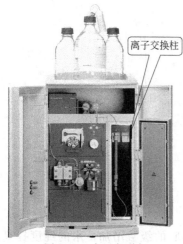

离子交换柱

图 3-19　离子色谱仪

是 K^+。

近年来离子色谱分析技术的发展使得一价阴离子、二价阳离子的分离、分析更为方便。离子色谱仪如图 3-19 所示，用细颗粒高效离子交换树脂固定相，用高压泵输送淋洗液，待分离物质用注射器注入色谱柱，经柱分离后的淋洗峰自定检测并记录。按照峰的保留时间可定性，按峰的面积可定量。再如离子交换色谱法测定阴离子混合液，采用电导鉴定器，在氢氧型强碱阴离子交换柱（Dowexl-X_4）上可分离 F^-、Cl^-、B^-、I^-、CNS^- 混合物。将待分离的混合物调成中性或微酸性，加至柱上，放置 30min，以 1mL/min 的流速分别用 0.045mol/L KOH 洗脱 F^-，0.32mol/L KOH 洗脱 Cl^-，0.72mol/L KOH 洗脱 B^-，1.63mol/LKOH 洗脱 I^-，1.93mol/L KOH 洗脱 CNS^-，可使它们定量分离。

4. 生物大分子分离

离子交换分离极性相似的生物大分子，是根据物质的酸碱度、极性及分子大小的不同进行的。离子交换分离极性相似的生物大分子的工作基础取决于带相反电荷颗粒之间的静电吸引，这是一个包括吸附、吸收、穿透、扩散的复杂过程，由于不同的分子携带不同的电荷，与离子交换树脂的亲和能力不同，混合物中的不同分子按所携带电荷的性质及总数按先后顺序依次洗脱，达到分离的目的。

离子交换色谱主要用于蛋白质、多肽的分离。核酸也是强极性分子，用离子交换色谱也能得到很好的分离效果。核酸的等电点为 2～2.5，在中性环境中带负电荷，故可以与阴离子交换体发生离子交换反应而被吸附。不同大小的核酸分子所带的负电荷量不同，与交换剂之间的吸附力不同，在一定条件下依次被洗脱分离。常用的离子交换剂为二乙基氨基乙基纤维素（DEAE），分离不同大小的核酸（tRNA）和核苷酸（rRNA）。对于 tRNA 和 rRNA，用 NaCl 梯度洗脱，先洗下 tRNA，后洗下水 rRNA。

氨基酸的分离基于氨基酸对树脂活性基团亲和力的差异，选用适当的淋洗剂，把交换上去的氨基酸从树脂上依次洗脱下来。用 Dowex50 交换树脂，用 pH 值递增的柠檬酸盐缓冲溶液（pH＝3.4～11.0）作洗脱剂，达到分离的目的。

想一想

我们在仪器分析中学过色谱分析技术，其实色谱不仅可以用于分析，同样也可以用于分离，你知道色谱在分离中有哪些技术？

任务五　色谱分离法

任务要求

1. 了解色谱分离技术的概念、原理、特点及作用。

2. 会进行色谱分离法分离操作。

色谱分离法是利用组分在不相混溶的两相中分配的差异而进行分离的一种方法。其中，液相色谱分离法又称层析分离法，这种方法是由一种流动相带着试样经过固定相，试样在两相之间进行反复的分配，由于不同的组分在两相之间的分配系数不同，移动速度也不一样从而达到互相分离的目的。液相色谱分离法按固定相的形状和操作形式的不同分为柱色谱法、纸色谱法和薄层色谱法。

纸色谱法是以色谱滤纸为载体的液相色谱法。滤纸中的纤维素形成纸色谱中的固定相；而有机溶剂为流动相，又称展开剂。由于各组分在两相间进行分配的分配比不同，因此随着展开剂的向前流动得到分离。

薄层色谱法的基本原理是利用待分离组分在固定相和流动相分配或吸附的差异，从而利用使它们在薄层上的移动速度差异得以分离的方法。

柱色谱法是将氧化铝或硅胶等吸附剂填充在玻璃柱中作为固定相，然后将试液加在柱上，用一种洗脱剂作为流动相进行洗脱。若试液中有 A、B 两种组分，则 A、B 将不断地在色谱柱内溶解、吸附、再溶解、再吸附，吸附能力较弱的物质溶解、吸附的速度都较快，将先被洗脱下来，这样便可将 A、B 两种组分分离。下面分别介绍这三种色谱分离法。

一、纸色谱法

【动画扫一扫】

二维码3-19 纸层析
操作步骤

纸色谱法又称纸层析法，是一种以滤纸为载体的色谱分离方法，设备简单、操作容易，适用于微量分析。滤纸纤维素中吸附的水或其他溶剂作固定相，在分离过程中不流动；用某种溶剂或混合溶剂作展剂，在分离过程中能沿着滤纸流动，是流动相。

纸色谱法的操作过程是先将滤纸放在被有机溶剂的蒸气所饱和的容器内，将试样点在滤纸的原点，再将滤纸一端浸入有机溶剂中。由于滤纸纤维的毛细管作用，有机溶剂将沿滤纸不断向上扩散。有机溶剂通过试样点后，试样中待分离的各组分就在固定相和流动相中反复进行分配，相当于很多次的萃取和反萃取。在分离过程中，由于试样中各组分在两相中溶解度和分配系数的不同，当经过一定时间，试样从溶剂前沿到达滤纸上端时，试样中的不同组分就会在滤纸上得到分离。如果喷洒适宜的显色剂，使各组分显色，就会在滤纸上看到若干个不同的色斑，如图 3-20 所示。在固定相中溶解度比较大但在流动相中溶解度比较小的组分，在滤纸上的移动距离较短，其色斑在滤纸的下端；而在固定相中溶解度比较小但在流动相中溶解度比较大的组分，在滤纸上移动的距离较长，其色斑在滤纸的上端。

分离效果常用比移值 R_f 来表示某组分在滤纸上的移动情况，其表达式为：

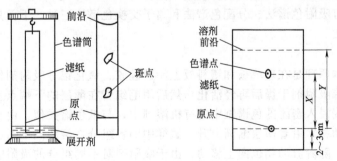

图 3-20 纸色谱法分离示意图

$$R_f = \frac{\text{原点至斑点中心的距离}}{\text{原点至溶剂前沿的距离}} = \frac{X}{Y} \tag{3-8}$$

比移值最大等于 1，此时组分随展开剂一起上升到滤纸前沿；比移值最小等于 0，此时组分不随展开剂上升而停留在原点。

在一定条件下，滤纸和溶剂一定时，每种物质都有其特定的 R_f，R_f 可作为物质定性鉴定的依据，如果有两种组分物质，则他们比移值分别为：

$$R_{f_1} = \frac{X_1}{Y} \tag{3-9}$$

$$R_{f_2} = \frac{X_2}{Y} \tag{3-10}$$

可以根据不同组分比移值的差别来比较它们彼此分离的程度。通常当两组分的 R_f 相差 0.02 以上时，就可用纸色谱法进行分离。

操作中要选择边沿整齐、质地均匀的滤纸，滤纸不能有斑点。展开剂要根据具体情况来选择，展开剂一般是由有机溶剂、酸和水按一定比例混合而成的。若试样中各组分之间的 R_f 差别太小，可以改变展开剂的极性来改善分离效果。例如可增大展开剂中极性溶剂的比例而使极性组分的 R_f 增大，而非极性组分的 R_f 减小。常见的展开剂及其极性大小顺序如下：

水＜乙醇＜丙酮＜正丁醇＜乙酸乙酯＜氯仿＜乙醚＜甲苯＜苯＜四氯化碳＜环己烷＜石油醚

点样时先确定起始线，用铅笔在离滤纸一端 2～3cm 处画一直线。用一支吸取试样的毛细管点在起始线上。点样斑点直径为 0.2～0.5cm，干燥后再展开。

纸色谱法的展开方法有上行展开法、下行展开法、二向展开法和径向展开法，一般用的是上行展开法。

展开后可根据各组分的性质来选择适合的显色剂进行显色，比如氨基酸可用茚三酮显色，有机酸可用酸碱指示剂显色，Cu^{2+}、Fe^{3+}、Co^{3+}、Ni^{2+} 可用二硫代乙二酰胺显色等。如果样品组分有荧光特性，也可用紫外光照射来确定斑点。

纸色谱分离法所需试样的量极少，通常只需几十微升，故十分灵敏，且操作简便易行，分离效果好。但它只能应用于分配比不同的组分间的分离，应用范围受到一定的限制。

二、薄层色谱法

薄层色谱（thin layer chromatography）常用 TLC 表示，又称薄层层析，属于固-液吸附色谱。它是利用吸附剂对样品中不同组分的吸附能力的不同，从而利用使它们在薄层上的移动速度差异得以使其分离的方法。薄层色谱是在纸色谱的基础上发展起来的，与纸色谱相比，展开快、分离效能高、灵敏度高、应用广泛。

薄层色谱法有吸附色谱法、分配色谱法和离子交换色谱法三种，下面只讨论应用最广泛的吸附薄层色谱法。

1. 原理

薄层色谱基本原理是在玻璃板和塑料板上涂敷硅胶、氧化铝等吸附剂作为薄层色谱的固定相，先将硅胶等吸附剂干燥后再经活化，然后用毛细管在薄层的下端点上试样，再将点有试样的薄板的一端浸入密闭的色谱缸中的有机溶剂中，与纸色谱类似，由于薄层的毛细管作用，展开剂（流动相）沿着薄层渐渐上升。试样中的各组分在两相间不断进行吸附、解吸和再吸附、再解吸，随着流动相也向上移动。由于吸附剂对不同组分的吸附能力的不同，使它们在薄层上的移动速度也有差别，从而得以分离，显然试样中吸附能力最弱的组分在薄层中移动距离最大，而试样中吸附能力最强的组分在薄层中移动距离最小。喷洒适宜的显色剂使这些组分显色后，就会在薄层上出现不同的色斑。比移值 R_f 受到许多因素的影响，如 pH 值、展开时间、展开距离、分离温度、薄层厚度、吸附剂含水量等。

展开时，色谱缸中的有机溶剂蒸气必须达到饱和，否则，R_f 将不能重现。此时同一组分在薄层中部的 R_f 比边沿的 R_f 小，也就是同一组分在薄层中部比在薄层两边沿处移动慢。

选择吸附剂时，要求有一定的比表面积，稳定性和机械强度好，不溶于展开剂，不与展开剂和样品组分反应。常用的吸附剂有硅胶、氧化铝、纤维素、聚酰胺等，其中以硅胶、氧化铝最为常见。硅胶或氧化铝对各类有机化合物的吸附能力大小顺序如下：

羧酸＞醇、酰胺＞伯胺＞酯、醛、酮＞腈、叔胺、硝基化合物＞醚＞烯烃＞卤代烃＞烷烃

硅胶适用于酸性组分和中性组分的分离，碱性组分与硅胶有相互作用，不易展开，或发生拖尾现象，不好分离；氧化铝适用于碱性组分和中性组分的分离，但不适用于酸性组分的分离。一般来说，对于极性组分要选用吸附活性小的吸附剂，而对于非极性组分要选用吸附活性大的吸附剂，这样可避免样品在吸附剂上吸附太牢而不易展开。

在吸附薄层色谱中，展开剂的选择主要考虑极性，其洗脱能力与极性成正比。分离极性大的化合物应选用极性大的展开剂，而分离极性小或非极性的化合物应选用极性小的展开剂。单一溶剂极性大小顺序如下：

酸＞吡啶＞甲醇＞乙醇＞正丙醇＞丙酮＞乙酸乙酯＞乙醚＞氯仿＞二氯甲烷＞甲苯＞苯＞四氯化碳＞二硫化碳＞环己烷＞石油醚

如果单一展开剂效果不好，可以用混合溶剂，通过改变溶剂组分和比例来调整展开剂的极性，从而达到分离的目的。

2. 方法

薄层色谱的固定相与柱色谱类似，是在一平滑的玻璃板上涂一薄层的吸收剂（如硅胶、氧化铝等）作固定相。其分离操作非常类似于纸色谱。干燥后的薄层板经活化后，在其下端用毛细管点上试样，然后在密闭的色谱缸中用有机溶剂作为流动相自下而上进行展开。在此过程中，试样中各组分在两相间不断进行吸附和解吸，根据吸附剂对不同组分吸附力的差异而逐渐得到分离。经显色后，就会在薄层上显示出分开的色斑。

薄层色谱法主要四个步骤：制板、点样、展开、检测。

（1）制板 选择平整、光滑的玻璃板，洗净、晾干，均匀地铺上一层吸附剂，铺层可分为干法铺层和湿法铺层，干法铺层时不加黏合剂，直接用干粉铺层；湿法铺层比较常用，将吸附剂加水调成糊状，在玻璃板上铺匀、晾干。以硅胶吸附剂为例，其具体操作方法如下。

① 倾注法：将适量硅胶过滤倒入烧杯中，加少量水搅拌成均匀糊状，迅速倒在玻璃板上，用玻璃棒小心铺平，轻轻振动，尽量使吸附剂均匀，然后风干，置于烘箱中，在 105～110℃下活化 45min 左右，取出放于干燥器中备用。

② 刮平法：将一长条玻璃的两边放置两块合适的玻璃，再将调好的糊状硅胶迅速倒在玻璃板上，用有机玻璃尺沿一个方向将硅胶刮为均匀薄层，去掉两边玻璃，晾干、活化，取出放于干燥器中备用。

③ 涂布器法：用转移的涂布器（市售或自制）来制作薄层，快速方便，制成的薄板质量好。

（2）点样 在薄层板的一端距边沿一定距离处，用玻璃毛细管、微量注射器或微量移液管将 0.050～0.10mL 样品试液点在薄层板上。点样时要注意待前一滴溶剂挥发后再点后一滴，这样能够使点成的斑点尽量小，不会严重扩散。样品浓度要合适，浓度太高容易引起斑点拖尾，浓度太低则斑点扩散，一般控制浓度为 0.1%～1%。点样位置一般在离板端 4cm

处。若有多个样品点样，则每个样品相隔 1～2cm。

（3）展开　将点好样的薄层板置于已被展开剂蒸气饱和的色谱缸中，点有样品的一端浸入展开剂中，盖好盖子，使色谱缸密闭，直至展开完毕。展开方法与纸色谱相似，可分为上行法、下行法、倾斜法、单向多次展开法和双向展开法等，如图 3-21 所示。

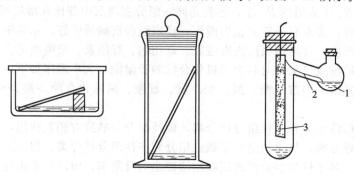

图 3-21　薄层色谱法展开示意图

（4）检测　对于样品中的有色组分，在薄层上会出现对应的有色斑点，而无色组分需用合适方法使其斑点显色，显色之前应使展开剂完全挥发。显色方法主要有以下几种。

① 蒸气显色法：利用样品组分与单质碘、液溴、浓氨水等物质的蒸气作用而显色。将上述易挥发物质放于密闭容器中，再将展开剂已完全挥发的薄层板放入则显色。

② 显色剂显色法：将一定浓度的显色剂溶液均匀喷洒在薄层上，使样品组分显色。

③ 紫外显色法：某些化合物在紫外光照射下会发出荧光，可将展开剂挥发后的薄层在紫外灯下观察荧光斑点，并用铅笔在薄层上做记号。一些不发荧光的物质用荧光衍生化试剂作用后也可用同样的方法观察。

三、柱色谱法（固相萃取法）

【动画扫一扫】

二维码3-20　固相萃取工作原理

柱色谱法是利用固定相作吸附剂并装入柱中，在样品经过柱时，由于吸附剂对不同成分的吸附能力不同而将过柱样品分离的方法。在样品分析与分离中，常用的柱色谱法是固相萃取法。固相萃取有常量固相萃取和微量固相微萃取。

（一）常量固相萃取法

【课堂扫一扫】

二维码3-21　固相萃取法

1. 固相萃取原理

固相萃取（solid phase extraction，SPE）是一种用途广泛而且广受欢迎的样品处理技术。它是一种借助于柱色谱分离机理建立起来的试样分离技术。它是利用固体吸附剂，将液体样品中的目标化合物吸附，与样品的基体和干扰化合物分离，然后再用洗脱液洗脱或加热解吸附，达到分离和富集目标化合物的目的。所以固相萃取是色谱分离和萃取分离两项技术的一种综合分离技术。

固相萃取的实质是液相色谱分离，与高效液相色谱（HPLC）分离有许多相似之处，都是利用物质在流动相和固定相之间分配系数的差异而加以分离的。它采用高效、高选择性的固定相，能显著减少溶剂的用量，简化样品的前处理过程，同时所需费用也有所减少。但是 SPE 与 HPLC 差别是分离柱短、塔板数少、分离效率低、一次性使用。用 SPE 只能分开性质有很大差别的化合物。由于 SPE 实现了选择性截流、分离、浓缩三位一体的过程，操作时间短、样品用量小、干扰物质少，因此可用于挥发性组分和非挥发性组分的分离，并具有很好重现性。

最简单的固相萃取装置就是一根直径为数毫米的小柱（图 3-22），小柱可以是玻璃制成的，也可以是聚丙烯、聚乙烯、聚四氟乙烯等塑料制成的，还可以是不锈钢制成的。小柱下端有一孔径为 $20\mu m$ 的烧结筛板，用以支撑吸附剂。如自制固相萃取小柱没有合适的烧结筛板时，也可以用添加玻璃棉来代替筛板，起到既能支撑固体吸附剂，又能让液体流过的作用。

操作时在筛板上填装一定量的吸附剂（$100\sim1000mg$，视需要而定），然后在吸附剂上再加一块筛板，以防止加样品时破坏柱床（没有筛板时也可以用玻璃棉替代）。目前已有各种规格的装有各种吸附剂的固相萃取小柱出售，使用起来十分方便（图 3-23）。

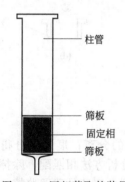

图 3-22 固相萃取的装置

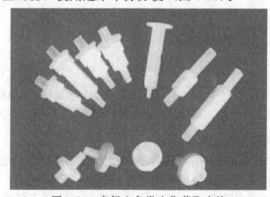

图 3-23 市场上各类出售萃取小柱

2. 固相萃取操作步骤

【课堂扫一扫】

二维码3-22 柱层析
——湿法装柱

固相萃取操作步骤主要有活化、上样、洗涤和洗脱。

（1）活化：活化的目的是创造一个与样品溶剂相溶的环境并去除柱内所有杂质。通常用两种溶剂来完成，第一种溶剂用于净化固定相，第二种溶剂用于建立一个合适的固定相环境使样品分析物得到适当保留。用适当的溶剂淋洗固相萃取柱，使吸附剂保持湿润，可以吸附目标化合物。

（2）上样：将液态或溶解后的固态样品倒入活化后的固相萃取柱，然后利用抽真空加压或离心的方法使样品进入吸附剂。

（3）洗涤和洗脱：在样品进入吸附剂后且目标物被吸附后，可先用较弱的溶剂将弱保留的干扰物洗掉，然后再用较强的溶剂将目标物洗脱下来加以收集。洗涤和洗脱可采用真空或离心的方法，使淋洗液或洗脱液流过吸附剂。

在选择吸附剂时，选择对目标化合物吸附很弱或不吸附，而对干扰化合物有较强吸附的吸附剂；也可让目标化合物先淋洗下来加以收集，而使干扰化合物保留（吸附）在吸附剂上，两者得到分离，如图 3-24 所示。

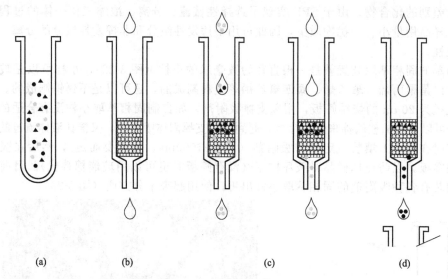

图 3-24　固相萃取操作步骤
(a) 样品溶液；(b) 活化；(c) 上样；(d) 洗脱

3. 固相萃取的应用

固相萃取的应用：借助于固相萃取仪可以使目标物与干扰物的分离；痕量组分得以富集，提高了分析灵敏度；改变了目标物的分析背景，使之与后续分析方法相匹配；除掉了原试样中大量共存组分。所以固相萃取仪可应用于各类食品安全检测、农产品残留监控、医药卫生、环境保护、商品检验、自来水及化工生产实验室。

固相萃取技术在环境保护分析中主要应用于多环芳烃、酚类化合物、5-多氯联苯和二噁英、邻苯二甲酸酯、有机农药残留物等环境污染物的固相萃取。

固相萃取在食品分析中主要应用于水果蔬菜农药残留物分析中的样品净化，谷物中有机污染物质的样品净化，烟草、茶叶、酒中成分及残留有害物质的样品净化，肉类和水产品中农残、兽残及非法添加物的萃取等食品中非法掺合物分析中的样品前处理。

固相萃取技术在司法鉴定中主要应用于麻醉药品及精神药品分析、毒鼠药分析、多种药物及毒物筛选分析。

固相萃取技术在药物分析中主要应用于药物动力学、药物代谢研究和新药研发和临床诊断。

随着固相萃取技术广泛应用，固相萃取仪成为前处理重要设备，目前已从手工固相萃取发展为全自动固相萃取，特别在国外发展更为迅速。

（二）微量固相萃取法

微量固相萃取又称固相微萃取，是 20 世纪 90 年代初发展起来的试样预分离富集方法，集试样前处理和进样于一体，将试样纯化、富集后，可与各种分析方法相结合而特别适用于有机物的分析测定。其中直接固相微萃取分离是将涂有高分子固相液膜的石英纤维直接插入试样溶液或气样中，对待分离物质进行萃取，经过一定时间在固相涂层和水溶液两相中达到分配平衡，即可取出进行色谱分析。顶空固相微萃取分离是将涂有高分子固相液膜的石英纤维停放在试样溶液上方进行顶空萃取，这是三相萃取体系，要达到固相、气相和液相的分配平衡，由于纤维不与试样基体接触，避免了基体干扰，提高了分析速度。

固相微萃取装置见图 3-25。石英纤维表面涂有高分子固相液膜，对有机物具有吸附和富集作用；定位器用于精确调节不锈钢针套伸出的位置；压杆卡持螺钉可通过 Z 形槽使不锈钢针套内石英纤维伸出或收入；不锈钢注射针管对石英纤维起保护作用，以免石英纤维在穿过密封隔膜时受到损失。此法简单，操作方便，已实现自动控制，而且特别适用于现场分析。

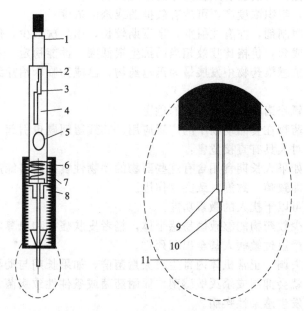

图 3-25　固相微萃取装置

1—压杆；2—筒体；3—压杆卡持螺钉；4—Z 形槽；5—筒体视窗；6—调节针头长度的定位器；
7—拉伸弹簧；8—密封隔膜；9—注射针管；10—纤维连接管；11—熔融石英纤维

固相微萃取分离法可用于环境污染物、农药、食品饮料及生物物质的分离与富集。例如，有机污染物苯及其同系物、多环芳烃、硝基苯、氯代烷烃、多氯联苯、有机磷和有机氯农药的分离；饮用水中挥发性有机物，食品中的香料、添加剂和填充剂等的分离；生物体内的有机汞、空气中昆虫信息素的分离。植物体内的单体以及生物聚合体的分离和富集等。

任务实施

某肉制品加工厂的李老板最近想要进口一批货，经人介绍他找到了养殖户黄某，黄某卖的畜禽肉比同行的便宜不少。李老板要求黄某提供出这些畜禽肉的检测报告，特别是畜禽肉中氟喹诺酮类兽药的残留，如果报告合格，那么他将与黄某建立长期的合作关系。于是黄某带着样品来到了市农产品质量检测所。

操作项目 7　畜禽肉中氟喹诺酮类兽药残留的检测——样品前处理

一、项目目标

1.了解氟喹诺酮类药物；

2.了解高效液相色谱法；

3.能正确使用离心机、漩涡振荡器；

4.能正确使用固相萃取装置。

二、项目背景知识

1.氟喹诺酮

氟喹诺酮属于喹诺酮类，又称吡啶酮酸类，属化学合成抗菌药，临床用于治疗尿路、肠道、呼吸道以及皮肤软组织、腹腔、骨关节等感染，取得良好疗效。其特点有：

（1）抗菌谱广，抗菌活性强，尤其对 G-杆菌的抗菌活性高，包括对许多耐药菌株如 MRSA（耐甲氧西林金葡菌）具有良好抗菌作用；

（2）耐药发生率低，目前已有质粒介导的耐药性发生；

（3）体内分布广，组织浓度高，可达有效抑菌或杀菌浓度；

（4）大多数是口服制剂，亦有注射剂，半衰期较长，用药次数少，使用方便；

（5）为全化学合成药，价格比疗效相当的抗生素低廉，性能稳定，不良反应较少，因而本类药成为化学合成抗感染药物中发展最为迅速药物，已成为临床治疗细菌感染性疾病的主要化疗药物。

2.动物性食品中氟喹诺酮类药物残留的危害

随着氟喹诺酮类药物在食品动物中的广泛应用，其残留问题也引起了广泛的关注。药物残留其本身毒副作用对人具有直接危害：

（1）毒性作用　如果人长期食用含有这些药物的动物性食品就可能产生慢性毒副作用。

（2）三致作用　即致畸、致癌、致突变作用。

（3）激素作用　可以干扰人的激素功能。

（4）过敏反应　少数药物能够致敏易感个体，轻者皮肤瘙痒和患荨麻疹，重者引起急性血管性水肿和休克，严重过敏病人甚至出现死亡。

（5）胃肠道菌群失调　正常机体内寄生着大量菌群，如果长期与动物性食品中低剂量的残留抗菌药物接触，就会抑制或杀灭敏感菌，而耐药菌或条件性致病菌大量繁殖，使微生态平衡被破坏，机体易发生感染性疾病。

3.方法原理

样品处理原理：利用磷酸盐缓冲溶液提取样品中的药物，用 C18 柱净化与富集，采用固相萃取方法对兽药残留进行分离，然后用流动相洗脱。

样品测定原理：以磷酸-乙腈为流动相，用高效液相色谱-荧光检测法测定，外标法定量。

三、项目准备

1.试剂准备

以下所用的试剂，除特别注明者外均为分析纯试剂，水为符合 GB/T 6682 规定的二级水。

（1）达氟沙星：含量不得少于 99.0%。

（2）恩诺沙星：含量不得少于 99.0%。

（3）环丙沙星：含量不得少于 99.0%。

（4）沙拉沙星：含量不得少于 99.0%。

（5）磷酸。

（6）氢氧化钠。

（7）乙腈：色谱纯。

（8）甲醇。

（9）三乙胺。

（10）磷酸二氢钾。

（11）5.0mol/L氢氧化钠溶液：取氢氧化钠饱和液28mL，加水稀释至100mL。

（12）0.03mol/L氢氧化钠溶液：取5.0mol/L氢氧化钠溶液0.6mL，加水稀释至100mL。

（13）0.05mol/L磷酸-三乙胺溶液：取浓磷酸3.4L，用水稀释至1000mL，用三乙胺调pH值至2.4。

（14）磷酸盐溶液（用于肝脏、肾脏组织）：取磷酸二氢钾6.8g，加水溶解并稀释至500mL，pH值为4.0～5.0。

（15）达氟沙星、恩诺沙星、环丙沙星和沙拉沙星标准储备液：分别取达氟沙星对照品约10mg，恩诺沙星、环丙沙星和沙拉沙星对照品各约50mg，精密称量，用0.03mol/L氢氧化钠溶液溶解并稀释成浓度为0.2mg/mL（达氟沙星）和1mg/mL（恩诺沙星、环丙沙星、沙拉沙星）的标准储备液，置于2～8℃冰箱中保存，有效期为3个月。

（16）达氟沙星、恩诺沙星、环丙沙星和沙拉沙星标准工作液：准确量取适量标准储备液用乙腈稀释成为适宜浓度的达氟沙星、恩诺沙星、环丙沙星和沙拉沙星标准工作液，置于2～8℃冰箱中保存，有效期为1周。

2.仪器

（1）高效液相色谱仪（配荧光检测器）。

（2）天平：感量0.01g。

（3）分析天平：感量0.00001g。

（4）振荡器。

（5）组织匀浆机。

（6）离心机。

（7）匀浆杯：30mL。

（8）离心管：50mL。

（9）固相萃取柱：C18柱（100mg/mL）。

（10）微孔滤膜（0.45μm）

四、项目实施

1.样品制备

（1）称取肉样品在食品绞碎机绞碎后的供试样品，作为供试试料；

（2）取绞碎后的空白样品，作为空白试料；

（3）取绞碎后空白样品，添加适宜浓度的对照溶液，作为空白添加试料。

2.样品处理

（1）提取　称取（2±0.05）g试料，置于30mL匀浆杯中，加磷酸盐缓冲液10.0mL，以10000r/min匀浆1min。匀浆液转入离心管中，中速振荡5min，放入离心机离心（肌肉、脂肪以10000r/min的转速离心5min；肝、肾以15000r/min的转速离心10min），取上清液，待用。用磷酸盐缓冲溶液10.0mL洗刀头及匀浆杯，转入离心管，洗残渣，混匀，中速振荡5min，离心（肌肉、脂肪以10000r/min转速离心5min；肝、肾以15000r/min转速离心10min）。合并两次上清液，混匀，备用。

（2）净化　固相萃取柱先依次用甲醇、磷酸盐缓冲溶液各2mL预洗。取上清液5.0mL过柱，用1mL水淋洗，挤干。用1.0mL流动相洗脱，挤干，收集洗脱液。经滤膜过滤后作为试样溶液，供高效液相色谱测定。

3. 样品分析（以下内容选做）

（1）标准曲线的制备 准确量取适量达氟沙星、恩诺沙星、环丙沙星和沙拉沙星标准工作液，用流动相稀释成浓度分别为 $0.005\mu g/mL$、$0.01\mu g/mL$、$0.05\mu g/mL$、$0.1\mu g/mL$、$0.3\mu g/mL$、$0.5\mu g/mL$ 的对照溶液，供高效液相色谱分析。

（2）色谱条件

① 色谱柱：C18 250mm×4.6mm（i, d），粒径 $5\mu m$。

② 流动相：0.05mol/L 磷酸溶液/三乙胺-乙腈（82:18，体积比），使用前经微孔滤膜过滤。

③ 流速：0.8mL/min。

④ 检测波长：激发波长 280nm；发射波长 450nm。

⑤ 柱温：室温。

⑥ 进样量：$20\mu L$。

（3）样品测定 取试样溶液和相应的对照溶液，做单点或多点校准，按外标法以峰面积计算。对照溶液及试样溶液中达氟沙星、恩诺沙星、环丙沙星和沙拉沙星响应值均应在仪器检测的线性范围之内。在上述色谱条件下，对照溶液和试样溶液的高效液相色谱图如图3-26 所示。

（4）空白试验 除不加试料外，采用完全相同的测定步骤进行平行操作。

4. 数据处理

试样中达氟沙星、恩诺沙星、环丙沙星或沙拉沙星的残留量计算公式如下：

$$X = \frac{Ac_s V_1 V_3}{A_s V_2 M}\qquad(3-11)$$

式中 X——试料中达氟沙星、恩诺沙星、环丙沙星或沙拉沙星的残留量，ng/g；

A——试样溶液中相应药物的峰面积；

A_s——对照溶液中相应药物的峰面积；

c_s——对照溶液中相应药物的浓度，ng/mL；

V_1——提取用磷酸盐缓冲液的总体积，mL；

V_2——过 C18 固相萃取柱所用备用液体积，mL；

V_3——洗脱用流动相体积，mL；

M——供试试料的质量，g。

项目	1	2	3
A			
c_s			
V_1			
V_2			
V_3			
A_s			
M			
X			
X 的平均值			
相对平均偏差			

高效液相色谱图

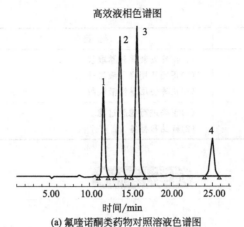

(a) 氟喹诺酮类药物对照溶液色谱图

1—环丙沙星色谱峰；2—达氟沙星色谱峰；3—恩诺沙星色谱峰；4—沙拉沙星色谱峰

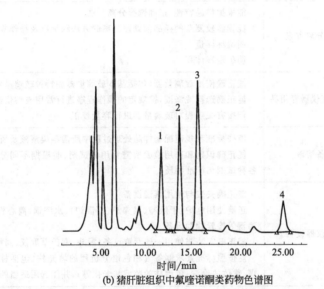

(b) 猪肝脏组织中氟喹诺酮类药物色谱图

1—环丙沙星色谱峰；2—达氟沙星色谱峰；3—恩诺沙星色谱峰；4—沙拉沙星色谱峰

图 3-26　对照溶液和试样溶液的高效液相色谱图

5.实验结论

与《农业部 1025 号公告-14-2008 动物性食品中氟喹诺酮类药物检测 高效液相色谱法》对照得出试料是否合格。

五、任务评价

序号	观测点	评价要点	成绩
1	制样	(1)正确绞碎样品 (2)正确使用食品匀浆机进行打浆	20
2	提取	(1)正确称样 (2)正确加入相关试剂,正确进行匀质 (3)正确使用振荡器对样品进行振荡操作 (4)正确使用离心机进行离心分离操作	30

续表

序号	观测点	评价要点	成绩
3	净化	(1)正确安装固相萃取仪 (2)正确使用样品液过柱 (3)正确使用淋洗液洗脱	30
4	过滤与标签	(1)正确进行滤膜过滤 (2)样品瓶标签	20

项目小结 📖

工作领域	工作任务	职业能力
分离准备	明确分离方案	能根据样品特性,正确选择分离方法 能读懂较复杂的样品前处理分离的方法和标准及操作规范 明确称样量 明确定容体积
	准备玻璃仪器等用品	能正确使用玻璃量器(包括基本玻璃量器和特种玻璃量器) 能正确选择洗涤液,按规定的操作程序进行常用玻璃仪器的洗涤和干燥 能按有关规程对玻璃量器进行容量校正
	准备溶液	能按标准和规范配制样品处理过程中所需各类溶液及所需实验用水 能正确识别和选用检验所需常用的试剂,能根据不同分析检验需要选用各种试剂和标准物质
	准备仪器设备	能正确安装与使用蒸馏设备 正确使用电炉、干燥箱、马弗炉(高温炉)、水浴锅、离心机、真空泵、电动振荡器等检验辅助设备 能正确安装与使用一般萃取设备(漏斗、索氏萃取仪、固相萃取仪) 能按照标准要求制备气相色谱分析用的填充柱(包括柱管和载体的前处理、载体的涂渍、色谱柱的装填和老化等),并能选用适当的毛细管柱
样品的分离与富集	样品富集	能认真负责按标准或规范要求,用普通蒸馏、旋蒸、减压蒸馏等方法分离、富集样品中的待测组分 能正确使用氮吹仪进行样品富集
	样品萃取分离	能认真负责按标准或规范要求,用普通液-液萃取方法分离样品中的待测组分 能认真负责按标准或规范要求,用索氏萃取方法分离样品中的待测组分 能通过认真学习,熟悉现代萃取技术(SFE、ASE、ME、UE、SPE)方法
	样品沉淀分离	能认真负责按标准或规范要求,用沉淀方法分离样品中的待测组分,包括称量和溶解、沉淀、过滤、洗涤、烘干和灼烧等 能用离心机分离沉淀
	样品离子交换分离	能根据分离需要正确选用离子交换剂 能按标准或规范要求,用离子交换方法分离样品中的待测组分
	样品色谱分离富集	能认真负责按标准或规范要求,用纸色谱或薄层色谱方法定性分离样品中的待测组分 能熟练进行固相萃取

练一练测一测

1. 填空题

(1) 分配定律告诉我们，在一定温度下，当某一溶质在两种互不混溶的溶剂中分配达到平衡时，则该溶质在两相中的浓度之比为（　　）。

(2) 溶剂萃取按萃取方式可分为（　　）和（　　）。

(3) 现代萃取新技术有（　　）、（　　）和（　　）、（　　）。

(4) 沉淀分离法适用于（　　）分离；共沉淀法适用于（　　）的分离。

(5) 生物大分子沉淀主要有（　　）和（　　）方法。

(6) 沉淀剂可分为（　　）和（　　）两类。

(7) 按活性基团分类，离子交换树脂可分为（　　）和（　　）。

(8) 离子交换分离操作步骤主要有（　　）、（　　）和（　　）、（　　）。

(9) 化学分离中的色谱分离法包括（　　）、（　　）和（　　）法。

2. 选择题

(1) 能用过量 NaOH 溶液分离的混合离子是（　　）。
A. Pb^{2+}、Al^{3+}　　　B. Fe^{3+}、Mn^{2+}　　　C. Al^{3+}、Ni^{2+}　　　D. Co^{2+}、Ni^{2+}

(2) 萃取过程的本质可表达为（　　）。
A. 被萃取物质形成离子缔合物的过程
B. 被萃取物质形成螯合物的过程
C. 被萃取物质在两相中分配的过程
D. 将被萃取物由亲水性转变为疏水性的过程

(3) 当萃取体系的相比 $R = V_水/V_有 = 2$，$D = 100$ 时，萃取百分率 E（%）为（　　）。
A. 33.3　　　B. 83.3　　　C. 98.0　　　D. 99.8

(4) 离子交换树脂的交换容量决定于树脂的（　　）。
A. 酸碱性　　　B. 网状结构　　　C. 分子量大小　　　D. 活性基团的数目

(5) 离子交换树脂的交联度取决于（　　）。
A. 离子交换树脂活性基团的数目　　　B. 树脂中所含交联剂的量
C. 离子交换树脂的交换容量　　　D. 离子交换树脂的亲和力

(6) 下列树脂属于强碱性阴离子交换树脂的是（　　）。
A. $RN(CH_3)_3OH$　　　　　　　　　B. RNH_3OH
C. $RNH_2(CH_3)OH$　　　　　　　　D. $RNH(CH_3)_2OH$

(7) 用一定浓度的 HCl 洗脱富集于阳离子交换树脂柱上的 Ca^{2+}、Na^+ 和 Cr^{3+}，这个操作是离子交换操作中（　　）。
A. 树脂前处理　　　B. 树脂装柱　　　C. 树脂交换　　　D. 树脂洗脱

(8) 当含 Li^+、Na^+、K^+ 的溶液进行离子交换时，各离子在交换柱中从上到下的位置为（　　）。
A. Li^+、Na^+、K^+　　　　　　　B. Na^+、K^+、Li^+
C. K^+、Li^+、Na^+　　　　　　　D. K^+、Na^+、Li^+

(9) 在定性分析实验中，可以用（　　）来进行物质的定性鉴定。
A. 分离系数　　　B. 分配系数　　　C. 溶解度　　　D. 比移值

(10) 用薄层色谱法，以环己烷-乙酸乙酯为展开剂分离偶氮苯时，测得斑点中心距离原点为 9.5cm，溶剂前沿离斑点中心的距离为 24.5cm。则其比移值为（   ）。

A. 0.39　　　　　B. 0.61　　　　　C. 2.6　　　　　D. 9.5

3. 判断题

（1）（   ）分配定律是表示某溶质在两个互不相溶的溶剂中溶解量之间的关系。

（2）（   ）一定量的萃取溶剂，分几次萃取，比使用同样数量溶剂萃取一次有利得多，这是分配定律的原理应用。

（3）（   ）分配系数越大，萃取百分率越小。

（4）（   ）强酸性阳离子交换树脂含有的交换基团是—SO_3H。

（5）（   ）固相萃取操作中的淋洗和洗脱目的是一样的。

（6）（   ）索氏萃取仪主要用于液-固萃取。

（7）（   ）当溶液中 $[Ag^+][Cl^-] \geqslant K_{sp}$（AgCl）时，反应向着生成沉淀的方向进行。

（8）（   ）纸色谱分离时，溶解度较小的组分，沿着滤纸向上移动较快，停留在滤纸的较上端。

（9）（   ）比移值 R_f 为溶剂前沿到原点的距离与斑点中心到原点的距离之比。

（10）（   ）试液中各组分分离时，比移值相差越大，分离就越好。

4. 问答题

（1）分离与富集有什么区别和联系？

（2）沉淀分离中沉淀剂有哪些？其中无机沉淀剂有哪几类？有机沉淀剂有哪几类？

（3）对于氢氧化物沉淀法，控制 pH 的方法有哪些？

（4）测定锌合金中和铝合金中 Fe、Ni、Mn、Mg 的含量，应采用什么溶（熔）解试样并分离出测定离子？

（5）什么叫萃取？萃取按状态怎样分类？

（6）什么是萃取率？怎样提高萃取率？

（7）什么是离子交换分离法？

（8）离子交换树脂的性质有哪些？表征离子交换树脂工作性能的指标是什么？

（9）离子交换分离的主要应用有哪些？

（10）什么是固相萃取技术？

（11）柱色谱法、纸色谱法和薄层色谱法的分离原理是什么？

答案：

2.（1）C　（2）D　（3）C　（4）D　（5）B　（6）A　（7）D　（8）D　（9）D（10）A

3.（1）√　（2）√　（3）×　（4）√　（5）√　（6）×　（7）√　（8）×（9）√　（10）√

项目四
前处理误差影响因素及方法的选择

 项目引导

　　本项目主要两项任务，一是怎样消除样品前处理过程的误差；二是怎样选择前处理的方法。对于任务一，首先要分析样品前处理误差影响因素，如图 4-1 所示，样品前处理中主要误差来源有两类，一类是来自品处理的沾污，另一类是样品处理的损失。对于任务二，样品处理方法主要依据分析样品的特性和分析测试方法来选择。

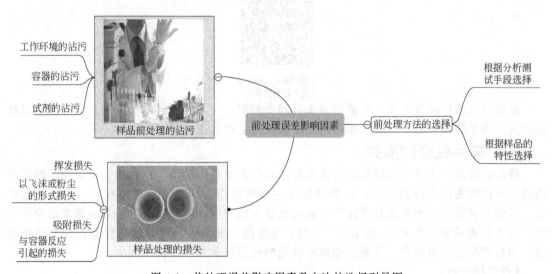

图 4-1　前处理误差影响因素及方法的选择引导图

　　　　　　💡 想一想

　　我们知道样品前处理过程产生误差是检测过程误差因素影响最大的，如图 4-2 所示，在色谱分析的误差来源中样品处理过程产生的误差占 30%，那么样品处理中这些误差是怎样产生的？

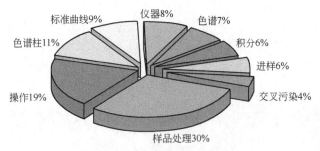

图 4-2　色谱过程中的误差来源

任务一　样品前处理误差影响因素

任务要求

1. 熟悉样品处理过程样品损失与沾污的因素；
2. 掌握样品处理过程避免损失与沾污的方法；
3. 能分析样品前处理过程中出现的问题；
4. 掌握在样品处理过程中避免损失与污染的方法；

【课堂扫一扫】

二维码4-1　前处理
误差因素的影响

在样品的前处理过程中，主要误差来自两个方面：一方面是样品的损失；另一方面是样品沾污。样品的损失会产生负误差；而样品的沾污会产生正误差。

一、样品处理的损失

样品处理的损失对于不同测定方法和样品组分含量有不同要求。在痕量分析中，溶样时待测组分的损失值得特别注意，因为溶样这一步骤操作时间长、处理温度高，容易造成损失。尽管在容量分析和主成分测定中，损失也是不允许的，但在痕量分析和低浓度成分测定中，由于待测成分多在 10^{-6} 甚至 10^{-12} 级，小量损失也会引起显著的负误差，应当更加重视。溶样损失主要由挥发、飞溅、器皿或沉淀的吸附以及其他变化引起的。

【课堂扫一扫】

二维码4-2　样品
处理的损失

1. 挥发损失

大多数有机物容易在加热时损失，故在有机成分测定中应尽可能避免加热，样品液的容器也应避免敞口长时间放置。例如测定水中的多环芳烃、亚硝胺类化合物时，就应该注意样品存放和处理时的挥发损失。

除有机物外，无机非金属成分也容易挥发。例如单质卤素，硫化氢及砷、锑、硒的氢化物，二氧化硫，二氧化碳，氮氧化合物等，在水溶液中溶解度较小，一旦生成，就会挥发损失。在分析有关样品时，要注意到这一点。易形成氢化物的元素有 C、P、Si 等。

溶（熔）样时金属成分的挥发易被忽视，其实各种金属的不同成分都可以在不同的溶样条件下挥发。影响挥发的主要因素有消解方式、温度、介质及待测成分和基体的化学形态。易形成挥发性化合物的元素有 As、Sb、Sn、Se、Hg、Ge、B、Os、Ru（后两种以四氧化物挥发）。

防止挥发引起损失的措施：

① 采用回流装置，如测 Hg；

② 将释出的气体通过吸收容器和适当的吸收溶液吸收，如测酚、氰；

③ 采用密闭容器，如微波消解。

2. 以飞沫或粉尘的形式损失

当溶解伴有气体释出或者溶解是在沸点的温度下进行时，总有少量溶液损失，即气泡在液面破裂时以飞沫的形式带出。溶液损失的量取决于溶解的条件和容器的大小与形状，这样的损失通常为液体总体积的 $0.01\% \sim 0.2\%$。

为防止蒸发时气体释出或飞沫带出，通常解决的办法是加盖。溶液沸腾或蒸发时产生暴沸会导致样品损失。解决的办法有：

① 搅拌溶液；

② 加防暴沸物质，如玻璃珠；

③ 插入一末端凹陷留有气泡的玻璃棒；

④ 在水浴上或红外灯下蒸发。

熔融分解或溶液蒸发时盐类沿坩埚壁蠕升也会造成损失，解决的办法：

① 均匀加热；

② 在油浴或沙浴上加热；

③ 采用不同材料的坩埚。

3. 吸附损失

吸附损失比挥发损失更普遍也更严重，人们对其研究得也更多。由于痕量分析中，待测成分浓度低，标准溶液也相应很稀，同时样品在贮存中也可能发生变化，这些与吸附损失关系均较密切。

引起吸附损失的主要因素有介质条件、容器材料。所谓介质条件主要是介质的成分、溶液中的 pH 值以及溶液中存在阴离子或配体。被吸附组分浓度的越稀越易被吸附。

容器材质的作用：玻璃、石英、金属、塑料容器和滤纸等都对溶液有一定的吸附。

容器的前处理：容器彻底清洗能显著减弱吸附作用。如除去玻璃表面油脂、用酸或碱处理、高温灼烧等。

防止吸附损失的措施：

① 将溶液酸化可防止无机阳离子吸附在玻璃或石英器皿上。

② 阴离子吸附的程度一般较小，作为预防措施，如有必要，可使溶液呈碱性。

③ 加入配位体化合物，如 1∶10 氨水可防止玻璃容器中 1mg/L 的 Ag 被吸附。

4. 与容器反应引起的损失

在干灰化和熔融分解中常常有一些组分会与坩埚表面反应，若反应产物难溶，会使分析结果偏低。如硅酸盐、磷酸盐和氧化物易与瓷坩埚的釉化合，因此应选用石英或铂坩埚。

用金属坩埚会遇到坩埚与试样中金属生成合金的问题。解决的办法是选用合适的容器。

二、样品前处理的沾污

在微量或痕量分析中，样品处理过程中，除了样品损失会引较大误差，同样样品沾污也不容忽视，样品前处理中的沾污主要由环境沾污、容器沾污和试剂沾污三方面造成。

【课堂扫一扫】

二维码4-3   样品
前处理的沾污

1. 工作环境的沾污

所谓工作环境指除和样品直接接触的容器以外的实验器物，包括空气和各种实验室设施，如实验桌、自来水管、天花板及墙壁等，它们对样品处理以及整个分析测试过程引起的沾污是不可忽视的。

除了在真空和惰性气氛下处理样品外，所有的试样都与空气长时间接触。空气沾污包括空气中灰尘及各种杂质，也包括由于大气中的氧引起成分的变化，样品处理所涉及的空气通常应从一般大气和特定实验室空气两方面着眼加以考察其沾污行为。

① 一般大气沾污   所谓一般大气沾污是指实验室所处的地理位置和气候条件下，周围空气中各种杂质对样品的影响，也包括样品源、样品运送途中空气的沾污，所以大气沾污涉及从样品源到实验室的整个地域，是非常广泛而多变的。

大气沾污程度与城市的特点及气候有密切的关系，同时与样品源如仓库、车间、矿井作业面、医院就诊室、太平间以及运送途中空气中杂质有关。管理杂乱的仓库中常有各种货物的微粒；飘散不清洁的车间空气中常有各种灰尘飞扬；矿山、医院的采点的室内空气也带有各自的污染源。这些都会给样品造成影响。

② 实验室空气沾污   实验室空气对样品的沾污比室外一般大气的影响更为直接，除了一般大气中的各种固有沾污成分外，还有各个实验室的新沾污成分。

实验室空气的沾污主要有两个方面：

a. 空气中的各种酸雾（如盐酸、氢氟酸、硝酸的雾滴）、硫化氢、二氧化硫、氨、各种有机溶剂如乙醇、丙酮以及其他多种挥发性的无机化合物和有机化合物如汞、苯胺、硝基苯等对实验室空气都有可能造成污染。沾污的严重性从下述事实可见一斑：长期存放氨溶液的瓶外覆盖一层氯化铵或其他铵盐的白霜；有的实验室通风橱玻璃由于氢氟酸及其他酸雾长期腐蚀而变毛；长期使用的实验室工作台上可检测出几十种元素。

b. 实验室的腐蚀性气体使各种设施锈蚀，扬起固体微粒成为新的固体污染源。例如实验室的墙壁、自来水管、天花板等固定设施，以及各种金属器件的烘箱、电热板、蒸馏夹、铁丝石棉网都会在长期加热和各种酸气作用下，表层脱落，产生尘埃，锈粉随着空气对流而弥散于整个空间。例如测定自来水或天然水样中的痕量铁时，不宜在铁丝石棉网上加热蒸发样品溶液，因为电热板及铁丝石棉网上的杂质会沾污样品，从而使结果失真数十倍。

特别微量级的金属分析，由于在大气尘埃中存在大量不同的金属，实验室空气中带来的灰尘污染样品是较为严重的同题。当注入分析仪器的分析样品减小到微升级时，一粒尘埃落在样品上可能使分析结果产生显著的实质性变化，因为最初的实际样品制备步骤往往涉及产生粉尘的步骤，如研磨、过筛、样品均匀化、分装，这些步骤应该在实验室一个单独的区域进行。微量组样品的制备应在专用洁净区域进行，样品尽可能免受大气污染，常见金属元素的微量分析通常需要使用洁净室技术，以获得令人满意的无污染空白值。

由此，在样品处理试验室要保持环境卫生，超痕量分析应在超净实验室里进行。

2. 容器的沾污

这里的容器包括与试样及有关的溶液直接接触的各种器皿及其附属器具如有关用具和用物（坩埚钳、搅拌器等），通常由玻璃、塑料、石英及重金属材料制成。它们对样品的沾污一般是由于自身被处理样品的试剂腐蚀，有关的组分进入样品溶液，所以沾污过程也是容器本身受腐蚀的过程。

从样品的处理看，特别是痕量成分分析的样品处理，玻璃引起的沾污甚为严重。要测定常见元素如硅、硼、铝、钙、镁、钠、钾甚至锌，都尽可能避免溶液与玻璃器皿长时间接触；而这些元素特别是硅、硼的痕量测定，则应禁用玻璃器皿。

塑料的沾污是它们能被各种溶液渗透，即沾污有渗透性，吸附杂质能力强，而且不宜洗净。目前聚四氟乙烯性能最为优异，被称为塑料之王，在溶样特别是高压密封消解法中有重要应用。这种材料本身的杂质少，对各种试剂耐腐蚀，对有机溶剂也是惰性的。聚四氟乙烯用混合酸于 100℃左右分解试样十分方便，并且沾污很少，在 $\mu g/L$ 级（氟的沾污除外），但四氟乙烯价格较贵，暂时难于普及。

在样品的处理中，与试样直接接触的金属制品主要有各类金属坩埚，造成沾污是因为金属腐蚀与溶出，所以在使用这类坩埚时，要按规定合理选择不同种类的坩埚或容器材料。同时消解时用的容器是另一个可能的污染源，也就是说污染可能来源于容器本身或前一次消解的遗留物。

特别是对于原子吸收法测定微量或痕量金属元素时，各类玻璃仪器用硝酸浸泡过夜，硝酸浓度为 1:1 或 1:5，泡酸后，用水和超纯水清洗干净并防止被污染。

3. 试剂的沾污

除工作环境和容器沾污外，样品处理中试剂沾污是重要的误差源，也是必须考虑的首要因素之一。通常各个厂家按试剂的纯度分工业纯、化学纯、分析纯和超级纯四级，尽管样品处理中用的试剂的品位要和分析测试结果精度的要求和其他目的协调，但在讨论沾污问题时，仍然不妨从超纯级入手，现将样品处理中常见的超级纯试剂中所含的杂质量示于表 4-1。

表 4-1 几种超级纯试剂所含杂质量　　　　　　　　　　单位：$\mu g/L$

杂质	水	盐酸	硝酸	硫酸	氢氟酸	氢氧化钠	碳酸钠
Ag	0.1	0.1	<0.05	3	0.1	5	20
Al	2	10	2	3	10	50	300
As	1	1	<1	<1	1	10	30
Ca	0.3	1	2	10	10	1000	17000
Cd	7	<1	<1	1	8	50	500
Cu	2	0.2	0.1	1	1	1	10
Fe	0.5	2	0.5	10	10	50	100
Mg	0.2	1	0.3	3	1	50	20
Ni	0.2	0.2	0.2	0.5	0.5	10	100
Pb	3	0.5	0.5	0.5	1	10	20
Zn	2	<1	<1	2	2	50	200

　　用于消解的强酸也是一个污染源，在消解过程中大量酸挥发出去。如果进行痕量元素分析，湿消解法需要用超纯级的酸。

　　除了试剂引进样品沾污，配制试剂纯度和溶剂水也会引进样品沾污，解决试剂沾污办法是尽量使用高纯或超纯试剂和超纯水，必要时可对试剂进行提纯。

💡 想一想

　　几乎所有的分析样品都要进行前处理，但前处理方案有很多，我们怎样制订合适前处理的方案？在制订前处理方案时，要遵循哪些原则？

任务二　样品前处理方法的选择

💡 任务要求

　　1.熟悉样品处理方法的选择原则；会根据相关原则进行分离方法的选择。
　　2.掌握不同样品和不同分析测试方法中样品处理的基本方法。
　　3.能根据不同样品和不同分析测试方法选择样品前处理方法。
　　在分析化学测试的试剂工作中，究竟选用哪种方法，则视具体情况而定。

一、样品前处理方法选择原则

【课堂扫一扫】

二维码4-4　样品前处理方法的选择原则

　　不论什么样品，样品前处理目标是得到一个适宜和便于检测的测试对象。首先进行样品状态改变，如把固态（或气态）样品处理成易于检测的液态；其次通过分离技术消除杂质干扰；最后若检测组分浓度太低，就要进一步分离、提取或浓缩样品。所以样品前处理是一项非常复杂的工作过程，在这个过程中，需要确定样品处理的一般目的和注意点，作为其工作总则。

　　样品处理必须综合考虑待测定组分的回收率、样品测定干扰、检测浓度和费用（包括时间）等取得最佳结果。

　　1.回收率（recovery percent）最高

　　回收率最高是样品处理必须达到的第一目的。在制样过程中，必须使待测成分尽量不受损失，并应确定损失了多少，损失的定量测定过程称为回收率实验。通常用加标实验来确定回收率，是用单个待测成分加入合成样品或标准样品中，按实际分析测试步骤进行全过程操作，用实测确定的量占实际加入量的百分率来表征，如式（4-1），它是分析测试方法准确性的标度。

　　回收率可用下式表示：

$$回收率 = \frac{实际测得量}{实际加入量} \times 100\%$$

（4-1）

式中，实际测得量是指扣除固有量后的回收量。

几乎任何分析测试过程都会有损失，而以样品处理这一步为最多。主要的损失有挥发、夹带、吸附、包藏等。例如当用非氧化性酸溶解合金样品时，砷、磷、硫、硅、硒等都可能成为氢化物逸出；蒸发或有气体如二氧化碳、硫化氢逸出的反应中，溶液中的其他成分可能被气流夹带飞出；溶样时所用容器对痕量成分的吸附；不洁的残渣中可能包藏了该进入溶液的组分。这些损失都会直接影响到回收率，样品处理中要尽可能避免测定组分的损失，使回收率最佳。

不同样品对回收率有不同的要求，含量>1%的通常要求回收率>99.9%；含量在0.01%~1%之间的要求回收率>99%；含量<0.01%微量组分的要求回收率>90%~95%（甚至更低）。在实际分析中，回收率在75%~110%。

2. 干扰最小

消除干扰是一定分析测试全过程中的必要步骤，是样品处理最为重要的内容，然而干扰的规定与所用的测试方法有关。对于预期的被检测成分而言，其他同时产生信号的物质就被认为是测试中的干扰。要是在样品处理过程中能尽可能多地排除干扰，不仅可以消除其直接后续步骤中的干扰，而且对最后的检测方法的确定也会提供有益的信息。在考虑最大限度消除样品中固有干扰的同时，还要特别注意防止在样品处理过程中引入新的干扰。新的干扰主要是来自分解用的试剂中的杂质、工作环境的灰尘、所用容器的腐蚀物等，也就是所谓沾污。

严格地说，任何分析测试全过程的任何环节都会存在沾污，因而产生干扰。例如实验室空气中引入的杂质是很可观的（大气飘尘中几乎含有周期表中所列的所有元素），熔融用的坩埚每次处理都会有至少1mg杂质进入溶液，而样品处理是分析测试全过程最耗时、最耗试剂、加热温度最高的一步，引起沾污最严重，因此为了使分析测试全过程取得更准确、更可靠的结果，一定要在样品处理过程中为干扰最小创造条件。

3. 浓度最佳

每种检测方法均有其最佳浓度范围，约为其检测限的2~50倍。某些常用测试方法的检测限及最佳浓度范围如表4-2所示。应当注意检测限除与检测方法有关外，还取决于被检测成分的浓度下限范围。

表4-2　一些常用测试方法的检测限及最佳浓度范围

检测方法	检测限/10^{-9}	最佳浓度范围/10^{-6}
滴定法	500	100~2000
分光光度法	3~200	0.5~10
示差脉冲极谱法	1~60	0.1~3
阳极溶出伏安法	0.05~0.5	0.0001~0.025
火焰原子吸收光谱法	10~1000	2~50
石墨炉原子吸收光谱法	0.2~100	0.2~5
电感耦合等离子体发射光谱法	0.5~200	0.5~10
诱导耦合等离子体质谱法	0.01~0.1	0.005~0.010
X射线荧光光谱法	100~1000	2~50
发射光谱法	约100	0.2~100
气相色谱法	0.01~1	0.0025~0.010
高效液相色谱法	10~1000	1~50
离子选择性电极	约1000	1~1000
离子色谱	10~1000	1~50

表 4-2 所列的检测限数据是针对一些常见元素而言的。样品处理时必须考虑到最后检测时溶液的总体积，从而确定合适的试剂用量以及决定是否需要预先浓缩等。

4. 费用最省

分析测试的费用取决于所用仪器的价格、操作时间和试剂及辅助物料的消耗，而这些又取决于对测试结果精密度和准确度的要求。前面已经提到，样品处理这一步操作有时占整个分析测试全过程时间的绝大部分，而时间的节约是费用节约的主要环节，时间的节省还与所用的分析测试方法的简便与否有密切关系，因此需要找到更容易、更方便的处理样品的方法，或者选用不用样品处理的测试方法，试剂的消耗应尽可能少，方法简便易行，速度快，对环境污染少。

总之，要结合实际情况，在结果精密、测试方法、时耗、物耗和人力消耗之间进行综合平衡，样品处理的具体途径应当建立在这种全局考虑的基础上。

在实际工作中，样品是否要前处理，如何进行前处理，采样何种方法，应根据样品的性状、检验的要求和所用分析仪器的性能等方面加以考虑。

二、根据分析测试手段选择

不同的测试手段，样品处理方前处理不同。化学分析测试手段很多，为讨论方便起见，在这里将其分为经典化学法、仪器分析法几类。

（一）经典化学法

所谓经典化学法是指称量法以及某些量度气体体积的方法。这类方法的特点是：测定所用的仪器比较简单，主要用玻璃量具及一般天平进行；常用来测定主体或主要组分的含量；对分析结果的重现性有较高要求；除微量分析外，每次检测所用的样品量都较大，通常达数百毫克。

1. 称量法

称量法的检测仪器是天平，所有影响最后产物称量的因素，在样品处理这一步起都必须注意到。这类因素主要有：待测成分的可能损失，引入化学性质相似的杂质从而得到相似的称量形式，称量形式的稳定性等。

由于称量法较费时，且前化学分析测试特别是元素分析中，用该法测定的成分除尚未觅得优良容量法的碱金属外，主要有碳、硅和磷这几种非金属，样品处理方式失当，容易造成它们的损失。例如用硫酸钡称量法测定铁矿中的硫含量时，不可用盐酸分解矿样，必须保证样品分解过程中的氧化环境，无论熔融或酸溶均如此。也应注意防止溶样过程中的沾污。例如许多高价金属离子水解成胶体沉淀吸附各种杂质等。

2. 滴定法

滴定法包括酸碱、络合和沉淀、氧化还原滴定四大类，它们的共同点是通过滴定管加入适量的测定剂或标准溶液至样品溶液中，通过某些指定反应，显示终点的到达，因此任何滴定法（包括电位滴定，特别是不用"滴定管"的库仑滴定）都有两个特点：滴定反应的定量性和指示反应的鲜明性。样品处理要充分考虑到这两个特点，也就是要充分保证滴定反应的定量进行，防止引入破坏指示剂和指示系统的阻塞成分。例如在目视指示剂的情况下，溶样时不应引入有色物；要防止滴定体系中产生浑浊或沉淀，它们会破坏指示剂。在仪器作指示剂的情况下，例如库仑滴定或电位滴定中，防止副反应特别重要，当要滴定某种金属成分时，要尽可能防止在溶样时用铁坩埚或镍坩埚，因为它们会引入大量金属成分而干扰测定。

（二）仪器分析法

仪器分析法主要有光学分析法、电化学法、色谱法三大类。

1. 光学分析法

光学分析法是以物质的光学、光谱性质或光与物质相互作用为基础建立起来的分析方法。这类方法的检测仪器是各类光学仪器。仪器分析法分为光度法、原子吸收光谱法及发射光谱法。

（1）光度法 光度法（包括比色法、比浊法及分光光度法）是一类中等灵敏的痕量分析法，大多数元素的检测限在 10^{-5} 级。该法操作简便，仪器价廉，检测对象广泛，是目前我国各基层化学分析测试单位普及的检测手段之一。光度法的基本要求是测定组分在一定波长或一定光区的光吸收（也可以是颜色或浊度的比较），因此影响性质的各种因素在样品处理这一步均需考虑到。

测定吸光值虽然是光度法的最后一步，但是在溶样这一步要考虑不要引入消耗显色剂的成分，例如各种强氧化剂如王水中的余氯，未驱净的过氧化氢；碱金属对有些方法有干扰，而碱金属通常无法用分离法除去，在这种情况下，就不要用碱金属溶样等。

（2）原子吸收光谱法 原子吸收光谱法是一种灵敏度很高（检测限达 10^{-9} 级）、选择性好、进样量小、特别适用于金属测定的方法，样品处理时要特别注意防止沾污，也要防止待测成分的损失，但由于原子吸收法较灵敏，防止沾污更加重要。尽管在上面提到各种防止沾污的措施，在原子吸收法中应加倍注意，然而根据本法的经验，对下述各点尤应强调。

① 试样沾污 由于原子吸收法检测的都是含量较低的成分，并且多为常见元素，如果试样受到沾污，将使一切防止沾污的努力失效。这里尤其要注意那些不容易意识到的沾污，如操作者手指、皮肤、汗珠和呼吸，因此要尽可能在超纯实验室中进行样品处理，切忌直接接触试样。

② 容器沾污 所有容器，即使它们耐腐蚀和已经充分清洗，都是污染源。例如锌和钠的沾污几乎无处不在，该类沾污可借分析一个在同类容器中与样品同时放入的纯水中杂质来校核。同时，在测定金属元素时，所用盛装样品液或标准液的玻璃容器，在使用前都要进行泡酸处理。

（3）发射光谱法 发射光谱法的特点是多元素同时分析，灵敏度虽然为 10^{-6} 级，但对金属元素的定性有特殊重要性。由于一些常见元素如铁、硅的谱线很多，容易构成对其他元素的干扰，所以样品处理时应特别注意消除它们的影响，回避使用铁制和硅酸盐制的器皿。在光谱定性时常用聚四氟乙烯容器或铂皿，其优点是这些材料引入的杂质中能被光谱激发的元素少。

光谱分析的一个共同性问题是要注意硅以及某些元素如钼、钨、铌、钽和锆的水解形成的颗粒，大多数操作在样品处理这一步清除硅，并且防止络合剂水解。一般有两个途径达到这些目的。

① 样品在铂皿中和硫酸混合分解时，加热至冒白烟（三氧化硫）使硅除净。然后将残渣用酸性（硫酸氢钾或硫酸钾）或碱性（碳酸盐或硼酸盐）熔剂熔融，再用络合剂（柠檬酸盐或酒石酸盐）溶液提取，这样可以得到清亮溶液。当然也可以在聚四氯乙烯容器中用氢氟酸处理样品，然后蒸干（去硅），再用所希望的介质溶液提取，通常可免熔融。

② 一些金属或合金（如钢、铁合金）样品可用低沸点酸（如硼酸或盐酸）加热分解，然后蒸干；也可用高沸点酸（如硫酸、高氯酸或盐酸）加热至冒烟，再用所希望的络合剂溶液溶解，滤去残渣（一般为二氧化硅）。

2. 电化学法

电化学法是利用物质的电学或电化学性质进行分析的方法。根据溶液的电化学性质的不同表现，形成了各种不同的电化学分析技术，但是无论哪一种电化学分析法，都是将试样构成化学电池的一部分来测定。样品处理中要特别注意待测成分电化学性质在处理中可能引起的改变。电化学法较易自动化，因此溶样处理过程也可与自动化联系起来。

3. 色谱法

样品前处理在是色谱分析过程中是一个既耗时又极易引进误差的步骤，样品处理的好坏直接影响色谱分析的最终结果，因此，为了提高分析测定效率，改善和优化色谱分析样品制备方法和技术是一个重要问题。由于部分样品属于复合基质体系，含有像蛋白质、油脂、糖类化合物、色素等成分，复杂的基质背景会对被分析目标化合物的提取、分离、净化和测定等带来很大的麻烦，因此，样品前处理不仅复杂困难，而且对分析结果的准确、可靠和灵敏具有决定性作用。

色谱法的特点是分离与检测在同一操作中完成。样品处理的着眼点主要是对分离有利。一般将色谱法分为三类：薄层色谱、气相色谱和高效液相色谱。除一般气相色谱法外，大部分色谱法是湿法，也就是将样品制成合适的溶液，然后点在分离柱上或注射入柱。为了收集空气或水中的痕量成分，都要先用固体试剂吸附，再用溶液提取。生物体液或组织则需在进样前除去蛋白质，以防它们吸附在柱中的填料上并堵塞柱。

(1) 气相色谱法　气相色谱法的主要优点是快速、灵敏、选择性好、样品用量少，在有机分析中早已广泛应用。在气相色谱法和液相色谱法中，处理样品的主要方法有固体试剂吸附和溶剂提取。

① 固体试剂吸附　这类固体试剂主要有高聚物（如 2,6-二苯基对苯乙烯氧化物、聚氨基甲酸乙酯及树脂）、活性炭等。

2,6-二苯基对苯乙烯氧化物的多孔高聚物（商品名为 Tenax-GC8）是一种常用的气相色谱柱填料，可从空气和水中吸附多环芳烃。其优点是回收率高，试剂不吸水，热稳定性好。例如含 1.5g 60～80 目的该试剂填充物（7.5cm×1cm），收集 20L 流速为 3L/h 水样中的多环芳烃或各种农药，在 pH＝6.8～7.2 时，对 $0.10×10^{-9}$ 的痕量待测物回收率在 95% 以上。洗脱用的溶剂丙酮，一般 30mL 便足够。表面活性物质、脂肪等颗粒物有干扰，颗粒物也应预先除去。聚氨基甲酸乙酯（PU）泡沫已用于从水中回收多氯联苯、邻苯二甲酸盐及多环芳烃等。水的流速为 250mL/min，pH＝10 时，痕量组分的回收率在 80% 以上，使用时将试剂装柱，然后依次用丙酮、苯、丙酮和蒸馏水洗涤以除去柱中的有机杂质。

常用于吸附水中有机物的树脂有非极性的聚苯乙烯-二烯基苯共聚物以及极性的聚甲基丙烯酸树脂两类。这些树脂可以收集多环芳烃有机酸以及一般有机物质如萘等。为了除去树脂中的有机杂质，用甲醇、乙醚各进行 6h 索氏抽提，然后用乙醚平衡 3min。将此乙醚洗脱液用气相色谱法分析，检查其清洗效率，如果是空白色谱图表明树脂干净，则将其贮藏于甲醇中备用。这种贮存方法的优点是可防止从大气中吸附有机污染物，也可防止树脂干涸（干树脂会产生裂纹，易于吸附更多的杂质）。临用前将此甲醇匀浆液转移入有垂熔玻璃板或玻璃毛堵住的玻璃管，用 30mL 甲醇淋洗，然后用 100mL 蒸馏水洗去甲醇（两次）并洗涤该树脂柱。树脂粒度以 20～60 目为宜，此球状颗粒与磨成粉的 150 目不规则物吸附性无显著差别。活性炭也可用于富集有机氯杀虫剂、多氯联苯和酚等，用三氯甲烷解吸。

② 液体提取　比前述固体试剂吸附法方便但富集能力较低的方法是液体萃取法，多用于水中的痕量有机物的提取。通常用三氯甲烷或其他与水混溶度小的有机溶剂如乙烷、甲苯等作萃取剂，它们的优点是易得纯品、化学惰性好、对有机物的溶解能力强、与水的密度差别大易于分出等。有机物可由溶剂的挥发除去而得到进一步富集，例如对 $10×10^{-12}$ 的痕量分析，1L 水样用 100mL 溶剂，回收率可达 90% 以上，如蒸发溶剂使最后体积减少到 $10\mu L$，则富集倍数达 10^5，但溶剂中的杂质也被富集，这就要求溶剂有很高的纯度。如果不进行蒸发，就必须减去直接用于萃取的溶剂量。经验表明，对 1L 水样，即使用 300g 氯化钠饱和

（利用盐析效应），为得到良好的回收率，有机溶液的用量也不得少于 $400\mu L$，这就要求溶剂的水溶性极低。

（2）高效液相色谱法　高效液相色谱法对样品的一个重要要求是不得有颗粒物或蛋白质等可吸附在填料上的物质，以防止柱被堵塞。通常先离心分离，除去样品中的悬浮颗粒，但对于生物液体中的蛋白质，离心不能除去，必须采取某些前处理步骤。这些步骤对处理其他高效液相色谱法分析的样品也有参考意义。下面介绍离心、蛋白质的沉淀等处理方法。

① 离心　离心操作简便，就是把一定体积的样品置于圆锥离心玻璃管中，在离心机上于中速（约 $200r/min$）下离心 $15\sim20min$，收集上层清液，无需进一步处理即可进样。此法可除去悬浮物及分子量在 25000 以上的蛋白质，快速、干净，可同时处理多份样品，不引入化学试剂，但对于胶体溶液及分子量较大的蛋白质，仍需预先聚沉或进行沉淀处理。

② 蛋白质沉淀　应用较广的一种沉淀蛋白质的方法是加三氯乙酸或高氯酸，由于是一元强酸，且阴离子尺寸较大，使胶体聚沉能力强。过量的三氯乙酸用醚萃取，高氯酸则使成钾盐沉淀。该法不适用于核苷和碱的测定。另一种可用于生物液体除去蛋白质的方法是向样品加入有机溶剂，减小溶液的介电常数，使分子量较大的血清蛋白聚沉。常用的溶剂有乙腈、甲醇、乙醇，不过由于很多核苷和碱不溶于有机溶剂，因而这种沉淀方法较少用。

加热可使血清蛋白结构变性，从而释出沉淀。这种热变性的一个缺点是很多组分受热时不稳定，因而结果不确定。

此外，也可以在样品中加硫酸铵或别的惰性（即无次生化学反应）盐。此法非常适合除去血清蛋白质，操作也简便。将等体积的血清和饱和硫酸铵溶液混合并离心，悬浮液用 $0.22\mu m$ 滤膜过滤即得。

③ 固相萃取柱　这是一种固相填料充填柱，极适用于分离各种核苷和碱。制样方法是把 1mL 血清通过该柱，然后用 $0.02mol/L$ pH＝5.6 的磷酸二氢钾缓冲液洗去蛋白质，而核苷和其他化合物则留于柱上，可用 1mL 60％的甲醇洗脱。

④ 超滤　离心可分离分子量在 25000 以上的蛋白质，而分子量在 $10000\sim25000$ 之间的蛋白质，则需用超滤方法分离。超滤法是蠕动泵驱动样品以合适的速度通过膜。膜的选择性有利于消除某些干扰，不引入外加化学试剂，样品未被稀释是该法的优点。通常超滤作用中只离析出游离的化合物，而键合在血清蛋白质上的溶质如色氨酸只有一部分滤出。

⑤ 其他　所谓其他去除颗粒的办法介于化学处理和物理分离之间，通常可用活性炭、纸浆或中性氢氧化铝的悬浮液处理。这时液体如各种废液、体液、果汁、植物各部分挤压出的液体以及动物各器官的某类进出液中的胶粒、蛋白质等均可被凝聚而随之沉降，用常法或玻璃砂坩埚过滤后，滤液即可进柱。

三、根据样品的特性选择

（一）样品特性

在前面样品处理普遍性的讨论中已提到样品处理的对象很广泛，除金属、能源、新材料外，还包括大气、水、岩石及生物四圈的有关物料，既有无机成分也有有机成分，除工艺流程外，也深入到自然界的循环以及生命和地质、天体过程，几乎一切人工的、天然的物料都可能成为样品处理的对象；各种样品的组成十分复杂，其中的杂质或某些组分（如食品样品中的蛋白质、脂肪、糖类等）对分析测定常常产生干扰，使分析测定结果达不到预期的目的。因此，在测定前必须对样品加以处理，以保证检验工作的顺利进行。

在样品处理时，首先要从定性和定量的角度对样品本身做一考察。

① 从定性方面　首先，要注意样品的类型，样品品种繁多，分类也颇为复杂。本书为讨论方便，将处理对象粗分为冶金和化工制品、岩石矿物和地球化学样品、生物材料以及环境样品几类。在各类样品中又有不同的种属，例如冶金和化工制品类中包括人工制成的金属、合金、石油制品，各种无机及有机化工原材料及制剂，而环境样品则包括各种气、水、渣及生物圈中的研究成分。

其次，要注意待测成分的形态。待测组分的存在形态是以离子、分子、络合物、异构体或官能团的存在形式。

② 在定量方面　首先，要注意允许使用的样品总量，这是针对珍贵样品如月球土壤、远古文物和罕见样品如尸体器官、法医监测品来说的，因为一般工业和天然产物的样品的允许使用量足够丰富，但正是那些珍贵和罕见样品给分析测试工作者带来处理困扰。

其次，要注意待测成分的含量层次，是主体还是杂质，是痕量级还是超痕量级等。为了以后讨论方便，下面对样品用量及待测成分含量量级的几个术语略加述及。

对于每次分析测试时称取样品的量，多使用常量（$>0.1g$）和微量（$10\sim0.1mg$）概念。通常指样品取量$100mg$级为超微量（ulframicro）。对于待测成分的浓度，多用主量和痕量概念。通常指含量范围$1\%\sim99.99\%$为主量或大量（major），$0.1\%\sim1\%$为次量或小量（minor），$(0.1\sim100)\times10^{-6}$为痕量（trace），$10^{-9}$或更低，如$10^{-12}$为超痕量（ultratrace）。此外，还有用主体含量的百分比例来表示样品规格的常用术语是"几个九"。例如四个九表示99.99%，杂质的总量为0.01%，而单个杂质含量在10^{-6}级。不同级样品的处理方式差异很大，操作人员应予以充分注意。例如测试纯度相当高的石英中的二氧化硅时，用氢氟酸直接蒸干即可；而测定某合金钢或超纯金属中的痕量硅，则要防止样品处理时硅的损失。

样品根据其特性，可分为无机样品和有机样品。分析也可分为无机分析和有机分析，如一般来说有机分析主要前处理方式就是萃取，无机分析主要前处理是样品分解，如图4-3所示。当然针对不同样品，具体有不同方法。分解无机试样和有机试样的主要区别在于：无机试样的分解是将待测物转化为离子，而有机试样的分解主要是破坏有机物，将其中的卤素、硫、磷及金属元素等转化为离子。其中无机物和有机物常用的分解方法如表4-3和表4-4所示。

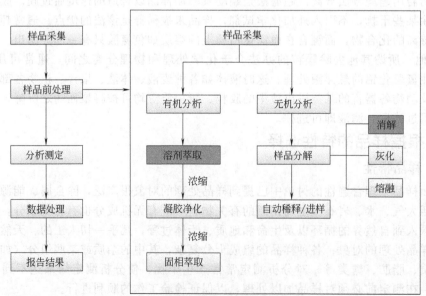

图 4-3　无机物与有机物样品处理方法

表 4-3　一般无机物的分解

分解方法	分解试剂	样品类别
溶解	还原性酸、氧化性酸、配合性酸	碱性物质、活泼金属及其合金、惰性金属、不锈钢及其他耐热合金、硅酸盐矿物
熔融	酸性溶剂	金属氧化物、硅酸盐矿物
	碱性溶剂	硅酸盐矿物
	氧化性溶剂	硫化物矿物
	还原性溶剂	贵金属矿物及合金
	配合型溶剂	铌、钽、锆、铍的矿物

表 4-4　一般有机物的分解

分解方法	主要分解试剂	样品类别或应用特点
干灰化法	空气(灼烧) 氧流(低温灰化) 氧气(氧弹、氧瓶)	测定有机物中的无机元素及杂质,收集气态产物,亦用于易挥发成分的测定,硫、卤素和痕量金属测定
湿消解法	硝酸、硫酸混合酸 浓硝酸(催化剂) 过氧化氢 碘化物和铬酸 发烟硝酸	生物、组织中的痕量金属测定 有机物中氮的测定 金属有机化合物的测定 生物材料的测定 金属有机物的测定
熔融	过氧化氢(过氧弹) 碱金属(封管) 五氧化二钒	生物样品中硫、硒的测定 卤素、硫的测定 氮、卤素的测定

(二) 各类样品前处理方法

化学分析测试的样品品种几乎是无限多,对于各种分析对象处理的方式也各异,为讨论简便,将分析对象试分为冶金和化工制品样品、土壤和岩石矿物制品、食品及生物材料以及环境样品几类。

1. 冶金、化工制品

冶金、化工制品主要是人工制成的金属、合金、石油制品和各种无机及有机化工原材料及制剂,一般处理比较简便,冶金制品的物相分析则有其特点。

冶金和化工制品样品的分析通常都有标准方法可循,其样品处理亦已标准化。参照第 2 章各节介绍的内容,对每个新样品均不难找到合适的操作。

2. 土壤、岩石矿物制品

土壤岩石矿物的主体是硅酸盐,其样品处理有常量组分和微量法组分的分析。

常量分解硅酸盐岩石矿物的操作是很经典的,通常有两种方法:酸溶法和碱熔法。

酸溶法是指用氢氟酸为主体的混合酸液分解,其特点是将硅挥发除尽,可直接测定除硅以外的其他所有成分,基体影响较小,试剂沾污少,且速度较快。方法是在铂皿(或铂坩埚)中,准确称入适量已在玛瑙体钵中充分研细的样品,用数滴水润湿以防酸液加入时飞溅,加 1:1 硫酸五滴以保证处理后所有的金属转成硫酸盐形式。加入 5mL 氢氟酸液,用铂丝搅拌或用手摇荡铂皿的内容物使样品混合均匀。置于水浴锅上加热,开始时应加盖,以防氢氟酸过早逸失,并促进样品充分溶解。加热过程中,应不时用铂丝搅拌或用手摇荡铂皿，加速混合和溶解。待溶液透明后，开盖并蒸发浴液。当剩余溶液很少时（相当于 0.1mL 酸），将铂皿移置电热板上，徐徐升温（约至 300℃），在开始冒三氧化硫白烟时，则认为除净硅。到蒸发的最后阶段，应特别注意防止溅失。如发现有未溶渣，加氢氟酸处理一次。

碱熔法是指用碳酸钠或氢氧化钠熔融分解，其特点是可使硅定量保存并可进行测定。如用碳酸钠熔，则除硅外，其他次要成分也可按经典法测定而不被沾污；如用氢氧化钠熔，则需用镍坩埚或其他坩埚，将引入大量铁、锰或其他金属杂质，因而除硅及稀有金属的测定可正常进行外，其他成分的纯度无法保证。

碳酸钠熔融在铂坩埚中进行，关键在于浸取时要防止由于未彻底冷却引起的气泡猛逸而飞溅损失。

各类冶金、化工、土壤、岩矿物料样品处理可参阅附录。

3. 食品及生物材料

食品的品质直接关系到人的健康，各国对食品中的组分含量都有严格的限量标准。食品包括的范围很广，种类繁多，包括粮食、食用脂肪和食用油、鱼类和肉类、水果和蔬菜、牛奶和乳制品、饮料、保健食品、佐料和调味品等。

食品生产厂商和质量监督部门对食品进行监管分析主要是以下几个方面：

（1）食品常规营养成分的分析；

（2）食品中元素（有害金属元素、微量元素）的分析；

（3）食品添加剂的分析；

（4）食品污染物的分析等。

分析食品时没有统一的前处理方法，必须根据食品种类和实测项目决定前处理方案。例如，在分析同一种大米时，测定项目不同，前处理的方法也不同。测定汞时，可用样品灰化、氧化来除去有机物；测定维生素 C 时，可用萃取法进行前处理；测定蛋白质时，可按凯氏定氮法进行前处理。用化学法测定维生素 B_1 时，必须用萃取法进行前处理，分离掉干扰物质，但用微生物方法时就不用进行这样的处理。又如同样分析砂糖时，水果糖中的砂糖和熟牛肉中的砂糖其分析前处理方法也不同。即使分析汞，也因含量不同，前处理方法也不同。

总之，食品分析的范围非常广，包括了无机分析（从 10^{-6} 到百分之几浓度的各种金属到卤化物）和有机分析（从高分子化合物到低分子化合物）的各个方面。

因此，在进行食品分析时，必须根据以下四个方面的情况来制订出前处理方案。

（1）分析什么项目：汞、维生素 C、蛋白质等。

（2）分析什么样的食品：蔬菜，待测成分的大致含量是多少（10^{-6} 到百分之几）。

（3）用哪一种分析方法进行测定：比色法、气相色谱法、原子吸收法，微生物法等。

（4）分析的目的是什么，是否对身体有害。

了解这些情况后，还必须根据不同的情况制订不同的前处理方案。对生物试样中的有机组分和无机组分分析必须采用不同的分解制备方式。

生物试样中的无机物分析往往会受到试样中存在的有机物的干扰，因此必须先除去有机物。除有机物的方法通常有两种：干法和湿法。

干法：干法即是将生物试样在高温条件下（450～600℃）灰化，然后用硝酸浸取灰分。

采用此种方法会使样品中某些易挥发的成分损失，如汞、硒、砷、另外样品中氯化物、碘化物和溴化物及锌、铅、钢等元素也有部分损失。

湿法：用强氧化剂对生物试样进行消解。通常消解时采用的强氧化剂为酸，如硝酸、硫酸、高氯酸等。如用硝酸和高氯酸混合消解时，常将硝酸和高氯酸以 3：1 左右的比例混合后加入到生物试样中加热使其中的有机物消解。消解过程中应避免有机物的炭化，因炭化后，会造成对样品中某些成分的吸附而影响分析。一旦发生炭化，应立即停止消解，再往里加入强氧化剂，使碳完全氧化成二氧化碳。

使用湿法分解时，由于可以在消解时采用回流冷凝装置或降低消解时的温度，可使某些挥发性组分在溶液中不造成损失，有时还可采用其他的分解方法，如提取法和氧瓶燃烧法等处理生物样品中的无机组分。

测定水果、蔬菜湿样中的特定成分，如硝酸根和氨根等时，通常取 10～50g 样品捣碎后置于压榨器中挤出浆汁，用双层滤纸过滤。一般可用滤液直接做后续处理，如用离子色谱法，则将此滤液用淋洗液稀释，通过 $0.2\mu m$ 膜过滤，所得溶液即可直接入柱。

有时为了脱色或除去挤出的浆汁中的悬浮物，可加入活性炭、纸浆或中性的氢氧化铝胶状物再过滤。必要时，过滤在煮沸后进行。

测定肉类食品样品的处理亦与组织的处理相同。从固体食品中提取双酚类污染物最常用的溶剂是乙腈。其次是甲醇和丙酮，有时还可以选择乙醇；对于液体食品则一般使用乙酸乙酯、叔丁基甲基醚或者二氯甲烷。

如果对组织中的痕量金属总量或其他非金属如所含的硝酸根、氯离子、氟离子总量进行估测，则需要将组织样品的整体用适当方法处理；要测定游离的阴离子，将样品研碎后，用水于一定温度下（必要时煮沸）保持适当时间浸取。取浆状物加中性氢氧化铝悬浮液凝聚过滤后，用离子色谱法或离子选择性电极测定；要测金属总量，则可将样品用硝酸、硫酸混合液消解，也可用干灰化法分解。

分析这类样品的一个困难之处在于采样时的刀具可能引起沾污，因此测金属成分时，宜用陶瓷刀具切割；而测硅、铝等成分时，则用纯钛刀具处理。

4. 环境样品

环境样品通指大气、各种水体及土壤和固体废渣的样品，但实际环境样品的内容很广泛。环境样品的处理很重要，因其内容复杂，本节仍只作简要讨论。

（1）大气分析　大气分析通常包括主成分和小量或痕量成分的测定，两者的样品收集和处理方式不同。前者多用排水法或排气法收集后通过不同试剂吸收相应组分后再选择性地检测。环境污染物浓度均甚低，用小量或痕量成分的测定方法，处理样品则须将大量空气中所含有的污染物质进行浓缩、富集。此时用吸附剂进行吸附，常用的吸收剂有液体和固体两类。

（2）水样处理　环境水样处理主要是指污水和废水的采集、过滤、贮存。如要研究水样中的金属形态，一个重要的要求是收集后要尽快过滤，且不要酸化。海水则不宜过滤，也不必酸化，应立即做下一步处理。淡水或某些河口水样悬浮物较多，其中金属浓度很高，要过滤方能确定水体中的各种成分。这时滤膜的规格及处理很重要。通常用内径为 0.45pm 的聚碳酸酯膜，用垂熔玻璃架或不锈钢网架支持，抽气过滤。这种膜易于洗涤去污，滤速快，已可满足一般水样的处理。在严密的测试中，应对滤液和滤出的颗粒物分别进行有关成分的测定。为了保持痕量金属成分的稳定性，滤液常需酸化到合适的低 pH 值（通常为 pH＝1）对于悬浮物多的污水样品，抽气过滤的滤速可能很慢，有时可低到 1～1.5mL/min，这样就增加了过滤过程中再次污染的可能性。特别是压力大时，植物及浮游生物细胞可能破裂，这样在细胞液中原来富集的重金属、有机营养物将会流失，当然对它们的测定不利。为此必须分级过滤，例如先用一般定量分析用滤纸滤出颗粒物，再用离心法处理悬浮液，在分离沉降物后，用 $0.45\mu m$ 滤膜抽滤等，分别用合适方法处理上述颗粒物、沉降物以及滤膜分出的残留物和滤液，并测定相应成分。

环境废水成分极复杂，除上述过滤分离颗粒物、沉降物等外，还要进行有针对性的处理。一般说无机化工行业的废水如电镀废水的样品处理较有机废物重污染废水简单，有时直接取废水样品检测有关成分即可。而对于皮革、造纸、各种有机化工如农药等行业的废水，则先要提取出有机物，主要方法有萃取、离子交换。

（3）废渣　废渣是一大类固体污染物的总称，其成分随着行业、工艺过程、废渣的形成方式和存放历史而异。废渣从产生来源上，主要可分工业废渣、农业废渣和垃圾三类；从组成上，则可分为合金渣、氧化物和硅酸盐渣及有机物渣，如图 4-4 所示。

(a) 合金渣（铜合金渣）

(b) 氧化物渣（煤渣）

(c) 硅酸盐渣（高炉矿渣）

(d) 有机物渣（中药渣）

图 4-4　各类废渣

① 合金渣　大多数合金渣可溶于各种无机酸。铁合金渣是这类废渣中量最大的，常用盐酸为主成分的混合酸及磷酸和硫酸混合液处理。

盐酸类混合酸与合金渣作用快，且不必蒸发。盐酸如与氢氟酸混合用，则可除去硅；加入硝酸，则可使碳氧化，也有助于溶解单用盐酸难溶的废渣如贵金属渣、阳极泥等，但如光用硝酸，可使很多合金钝化，常使不溶残渣难于清洗。在不宜使用硝酸的情况下，过氧化氢或过硫酸铵可作氧化剂。在无氧化剂存在时，盐酸可能使渣中的砷、磷、硒、碲、锑挥发损失。混合酸液中的硝酸如对下一步处理有妨碍，可加入甲酸蒸干。对电热炉钢渣，通常用盐酸、硝酸和氢氟酸三者混合处理，在低温蒸发后，可除去部分二氧化硅，且可使那些易于水解的成分不沉淀。

硫酸与磷酸混合液可以处理耐高温的合金钢渣。其优点是可溶解各种金属的炭化物，使二氧化硅释出（即使胶态硅酸很好脱水），并使钼、钨、铌、钽、钛和锆等保存于溶液中。

② 氧化物和硅酸盐渣　硅酸盐渣也可包括在氧化物渣中，这类废渣主要存在于处理各种矿石及陶瓷和建材工业的工艺过程中。除各种金属氧化物外，这类渣的主成分是二氧化硅。有些炉渣经高温灼烧后，形成类似于尖晶石结构的耐热物，即使加氢氟酸也不能使样品分解，然后用盐酸提取。对二氧化硅含量较低的一般金属氧化物废渣，有时用焦硫酸钾或硫酸氢钾熔融亦很有效。

③ 有机物渣　这类废渣主要有两种。一种基体为有机物，如农业和某些石油有机化工业的废物、甘蔗渣、提取油后剩下的豆科植物纤维质（如豆饼、花生饼）、废沥青、废纸浆、废塑料、垃圾等均属于此种。另一种是以硅酸盐或其他无机物为基体但含大量有机污染成分的物料，如受农药或其他毒物严重污染的土壤、河流底泥、煤矿石等。这类样品的处理，通常分以下两步进行。

首先用合适的有机溶剂回流或索氏法抽提以富集或浸透出欲测的有机污染成分，如土壤中的农药残留量、大气飘尘或垃圾中的多环芳烃含量的测定，都用提取法处理样品。

然后使整份样品完全分解以分别测定有关成分，如用干灰化法或灼烧法除去有机物后再用酸消解法或熔融法分解残渣。

总之，如何选择适宜的样品处理方法，既需要弄清分析测试的全过程、分析方法的原理，又需要了解样品有关元素和成分的性质。例如在常量分析中，对分解样品用的试剂纯度要求较宽；但是在高纯度物料的杂质分析中，处理样品用的试剂纯度是不可忽视的，当用 X 射线荧光法测定时，要求制得特殊的熔块或熔球。当分析固体中的气体时，要用真空熔融法处理样品。要测定样品中元素的不同氧化态时，要特别注意熔样时价态变化情况。痕量分析中，粒子或有关成分在容器表面上的吸附损失应予以充分注意，所以要考虑对器皿的要求和清洗方法。还要注意某些成分是否会在样品处理时挥发损失。总之，在样品处理时，没有呆板的一成不变的通用规则，需要全面考虑各种因素。

任务三　样品前处理中的安全防护

任务要求

1. 熟悉样品前处理过程中安全要素；
2. 掌握样品前处理过程安全防护方法。

如同其他任何化学操作一样，安全是要首先注意的。样品前处理在分析检测过程中，劳动强度大，涉及的各类设备多，各种安全隐患复杂，可能发生机械损伤、腐蚀、起火、爆炸、辐射等安全事故，所以安全防护是样品前处理的重要内容。

一、预防火灾和爆炸

在样品处理中引发火灾事故主要有下列五种情况。

（1）加热设备引发火灾　在样品处理中经常使用加热设备如电炉、电热套、高温炉、石墨消解仪等，这些加热设备当使用、不当加热温度过高或设备出现故障都极易引发火灾，所以在样品处理过程中，要正确安全规范使用这些加热设备。

（2）化学试剂引发火灾　化学试剂引发火灾是实验火灾重要诱因，其中有固体氧化剂如过氧化钠、液体强氧化性酸如浓硝酸、浓硫酸、浓高氯酸，以及挥发性易燃气态有机溶剂等试剂。所以对挥发性有机药品应在通风良好的场地进行实验，对于强氧化剂应避免与可燃气体接触。样品处理过程的快速反应能导致爆炸，可以在样品加入强酸前，先加入少量的稀酸，使反应开始时慢一些。

（3）化学试剂与加热设备引发火灾　当加热设备在加热时，遇到可燃性物质，如滤纸与电炉接触；加热引起试剂暴沸飞溅到电炉上；或加热明火遇到挥发性可燃气体都会引发火灾。所以在进行蒸馏、索氏萃取等分离操作时，应防止挥发性溶剂泄漏；同时在加热消解样品，尽量保证受热均匀，防止爆沸。

（4）在高温熔融及高压消解时，操作时的疏忽可能引起某种人身危险。任何用于消解的密封容器都应具备压力安全阀。需要注意，当阀门放气时，可能会有分析物液滴损失。有压力监测的微波消解系统在这方面具有优势，系统中的压力是由调制输入功率控制的，因此避免了分析物的泄漏。

（5）实验消防设施　实验室天花板上要装有火灾检测器（烟火报警器），实验室配备灭火器、灭火沙和灭火毯等消防设施和用品。

二、预防化学烧伤

化学烧伤是化学物质及化学反应热引起的对皮肤、眼睛、黏膜的刺激、腐蚀的急性损害。

消解中用到的强酸、强碱和氧化剂实质上是非常危险的，它们能迅速灼伤皮肤，存在爆炸的危险，应当自始至终佩戴安全护目镜、手套和穿防护衣。

（1）眼睛防护　在样品处理室应该佩戴护目镜，防止眼睛受到刺激性气体熏染，防止任何化学药品特别是强酸、强碱和玻璃碎屑等异物进入眼内，一旦进入眼内，就近使用洗眼器（图4-5）冲洗，严重时迅速送往医院进行治疗。

（2）皮肤防护　取用腐蚀性药品，如强酸、强碱、浓氨水、浓过氧化氢、氢氟酸等试剂，要戴上橡皮手套和防护眼镜，实验后用肥皂洗手。

（3）鼻子防护　不得用鼻子直接嗅气体，而是用手向鼻孔扇入少量气体。

（4）实验室急救药品　实验室应配有急救箱（图4-6），箱内应备有消毒剂，如碘酒、75％卫生酒精、药棉球等；外伤用紫药水、消炎粉和止血贴；烫伤用烫伤油膏、凡士林、甘油；化学灼伤用5％碳酸氢钠溶液、2％乙酸、1％硼酸、医用双氧水；治疗用药棉、纱布、创可贴、绷带等。

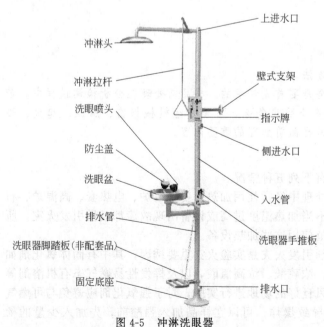

图 4-5　冲淋洗眼器　　　　　　　　图 4-6　急救箱

三、预防中毒

化学药品可通过呼吸道、皮肤和消化道进入人体而发生中毒现象。在样品处理中，在下列方面要特别加强预防中毒。

（1）在取用易挥发酸时，如浓硝酸、浓盐酸、氢氟酸等，必须在通风橱中进行，必要时佩戴防毒口罩；

（2）在样品加热消解及高温炭化及灰化过程，大都有有毒有害气体挥发，可以通过呼吸道进入人体，所以加热消解样品必须在通风橱中进行，必要时佩戴防毒口罩；

（3）对于易挥发性有机溶剂，如丙酮、乙醚、乙醇等，进行萃取、蒸馏或富集时，特别是用氮吹仪进行富集时，必须在通风橱中进行，必要时佩戴防毒口罩。

四、高危化学品的使用和防护

在样品处理中典型高危化学品就是高氯酸，而高氯酸是湿消解法时常用试剂，但在脱水、蒸干，对含高有机物的样品消解等情况下易发生爆炸，使用时应注意下列安全原则：

（1）高氯酸是强氧化性酸，应避免与皮肤、眼睛或呼吸器官直接接触，否则会引起严重灼伤。

（2）严禁高氯酸与脱水剂浓硫酸、五氧化二磷或乙酸酐接触，因为脱水后会引起起火和爆炸。

（3）严禁高氯酸与乙醇、甘油或其他能形成酯的物质共热，否则会引起猛烈爆炸。

（4）高氯酸处理有机物时，务必先用硝酸氧化，将易氧化的部分除去，难氧化部分也会发生部分分解，然后再加高氯酸，并且最终包含的高氯酸溶液不应该直接完全蒸干，在蒸发时要不断稀释几次。

使用氢氟酸时，应采取特别防护措施，HF 很容易被皮肤吸收，不能完全洗掉，导致严重的、持续的、缓慢的灼伤。如果使用 HF，应随时携带葡萄糖酸钙软膏，以防氢氟酸灼伤。

浓硫酸的各种混合溶液（如硝硫酸），向水中添加酸时应该不断搅拌。一定要防止由于大量放热引起的溅失；当制备混合酸时，由于混合酸不能安全保存，因此应只制备需要使用的量。

总之，关于各种前处理方法中安全隐患及防护，归纳总结见表 4-5。

表 4-5　样品前处理中安全隐患及防护

前处理方法		所用到设备与试剂		安全隐患	防护措施
		试剂	设备		
湿消解法	一元体系	浓硝酸、浓硫酸、氢氟酸、磷酸	电炉	强酸、强氧化性酸腐蚀，渗透腐蚀（氢氟酸、磷酸），爆炸（高氯酸）	（1）加酸时要戴防腐蚀手套 （2）加热时防止酸的溅出，戴防护眼罩 （3）高氯酸的使用严格按规程
	二元体系	浓硝酸＋浓硫酸、浓硝酸＋高氯酸、浓硫酸＋过氧化氢			
高温分解法	熔融分解法	强碱、强酸	高温炉	强碱腐蚀、高温烫伤	（1）加入腐蚀性熔剂时戴防腐蚀手套 （2）使用高温炉时戴石棉手套，打开高温炉前降温 （3）使用氧弹时，打开前注意先泄压
	干灰化法	无	高温炉、电炉、氧弹	火灾、烧伤、高压	

续表

前处理方法	所用到设备与试剂		安全隐患	防护措施
	试剂	设备		
微波消解法	微波消解	硝酸-盐酸、氢氟酸、过氧化氢	微波消解仪	强酸腐蚀、微波辐射、高压消解罐安全打开	（1）应避开加热源，使用时不要靠近磁性材料，最好在通风橱中进行 （2）严格按规程操作，在消解完成后降温、降压，然后开罐，打开样品罐时应用防护措施 （3）每次使用完毕应清洗干净，并烘干内外罐以备下次使用 （4）在微波消解或密封压力罐法中禁用高氯酸

项目小结

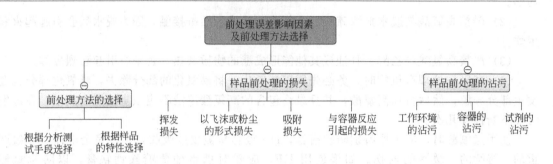

练一练测一测

1. 判断题

（1）（　　）分解试样的方法很多，选择分解试样的方法时应考虑测定对象、测定方法和干扰元素等几方面的问题。

（2）（　　）在进行色谱分析时，对生物体液或组织则需在进样前移去蛋白质，以防它们吸附在柱的填料上并堵塞柱。

（3）（　　）灰化分解试样时，应根据不同的待测组分选择不同的灰化温度。

（4）（　　）食品采样后应在 2h 内迅速送检验室检验，尽量避免样品在检验前发生变化，使其保持原来的理化状态。

（5）（　　）分析同一种食品时，测定项目不同，但前处理的方法基本一样。

2. 填空题

（1）高效液相色谱法对样品的一个重要要求是不得有（　　）或（　　）等可吸附在填料上的物质，以防止柱被堵塞。

（2）样品处理过程中主要有（　　）、（　　）和（　　）等情况，样品沾污会造成分析结果偏（　　）。

（3）回收率越高，分离效果（　　），说明分离过程中的损失量（　　）。

（4）常量分解硅酸盐岩石矿物的操作通常有两种方法：（　　）和（　　）。

3. 问答题

（1）样品处理过程的损失有哪几种形式？会对分析结果产生什么影响？

（2）怎样避免样品沾污？

（3）为什么在做原子吸收测定金属元素时，要对玻璃容器进行严格泡酸处理？

（4）分解无机试样和有机试样的主要区别有哪些？

（5）分解试样常用的方法大致可分为几类？什么情况下采用熔融法？

（6）高温灰化法和低温灰化法的特点是什么？两者分别适用于分解哪些试样？

答案：

1.（1）√　（2）√　（3）√　（4）×　（5）×

综合技能训练项目

1.凯氏定氮法测定食品中的蛋白质。

2.茶叶中重金属含量的检测。

3.畜禽肉中氟喹诺酮类兽药残留的检测。

4.蔬菜中有机磷类农药残留的检测。

附录
各种样品分解一览表

样品名	取样量/g	被测成分	溶剂	备注
Ag(细银)	1	Ag	20mL HNO$_3$	加热
Ag(粗银)	0.5	Ag	7.5mL HNO$_3$	加热
铝合金 (含 Ag 10%~ 90%)	1	Ag	10mL HNO$_3$(1:1)	加热
各种铝合金	1	Ag 和其他金属	10mL HNO$_3$(1:1)	加热
KAg(CN)$_2$	1	Ag	20mL H$_2$SO$_4$(浓)	加热至冒烟
铝矾土	2	Al、Ca、Cr、Fe、Mn、 P、Si、Ti、V	7g NaOH	700℃熔融 20min,镍坩埚
铝矾土	1	Al、Fe、Si、Ti	30mL 王水加 15mL H$_2$SO$_4$(1:1)	溶于 10mL HCl
铝矾土	1	Al、Ca、Cr、Mn、 Si、Ti、V	1g Na$_2$CO$_3$	1100℃,30min,铂坩埚, 原子吸收法
铝矾土	1	Ca、Cr、Fe、Mn、 Si、Ti、V、Zn	1.2g H$_3$BO$_3$ 加 2.2g Li$_2$CO$_3$	1100℃,铂坩埚, 原子吸收法
铝矾土	2	Ca	25mL HCl	沸腾
Al(高纯)	3	Be、Bi、Mn、Ti、V、Zn	50mL HCl(1:1)加 1mL CuCl$_2$(0.15%)	
Al(高纯)	3	Be、Cd、Cu、Mg、 Ti、V、Zn	20mL NaOH(20%)	聚四氟乙烯杯
Al(高纯)	1	Fe	15mL HCl(1:1)加 15mL HNO$_3$(2:3)	玻璃烧杯
Al(高纯)	0.1~1	B	5~20mL H$_2$SO$_4$(1:1)加 1mL H$_2$O$_2$(3%)加 1mL HgCl$_2$(5%)	石英烧杯,H$_2$O$_2$ 及 HgCl$_2$ 溶液分次滴加,每次 3 滴
Al(高纯)	0.25	Ag	10mL HNO$_3$(1:1)	玻璃烧杯

续表

样品名	取样量/g	被测成分	溶剂	备注
Al(高纯)	2	Zn	40mL HCl(1：1)加 1mL $CuCl_2$(0.15%)	玻璃烧杯
Al(纯)	0.5～2.5	Be、Ca、Fe、Ga、Na、Ti、Zn	15～50mL HCl(1：1)	玻璃烧杯或石英烧杯
Al(纯)	0.5～2	B、Cr、Cu、Pb、Ti、V	10～20mL NaOH(25%)	聚四氟乙烯杯
Al(纯)	1～10	Cu、Mg、Ni	10～75mL NaOH(20%)	聚四氟乙烯杯
Al(纯)	1～2	Mn	20mL H_2SO_4(1：1)加 10mL HNO_3	玻璃烧杯
Al(纯)	1	Ga	20mL 7mol/L HCl	玻璃烧杯
铝合金	1～5	Co、Cu、Mn、Na、Sb、Sn、Zn	20～100mL HCl(1：1)加 H_2O_2 少许	玻璃烧杯
铝合金	0.5～2	Cr、Fe、Ni、Pb、Ti	10～100mL NaOH(20%)	聚四氟乙烯杯
铝钢合金	1	Cu	20mL 混合酸	玻璃烧杯
铝镁合金	0.25～2	Mg	10～80mL NaOH(20%)	聚四氟乙烯杯
铝硅合金	1	Si	10g NaOH 加 20mL 水	镍杯
铝矾合金	1～5	V	50～100mL 磷酸混合酸	玻璃烧杯
铝锌合金	1	Zn	20mL NaOH(25%)	玻璃烧杯
$Al(OH)_3$	1～5	Cu、Fe、Ga、Mg、Mn、Ni、P、S、Si、Ti、V	10.3g Na_2CO_3 加 3.3g$Na_2B_4O_7$（或 12g Na_2CO_3 加 4gH_3BO_3）	1000℃,20min,铂坩埚
$Al(OH)_3$	1	Zn	20mLH_3PO_4	原子吸收法测定
$Al(OH)_3$	1	Na	25mL 浓 H_2SO_4	热至冒烟,原子吸收法测定
$Al(OH)_3$	2	F	热水解	1000℃,2～4h,石英皿
Al_2O_3(刚玉)	5	Fe、Si、Ti、V	5g H_3BO_3 加 10g Na_2CO_3	1000℃,20min,铂坩埚,溶于 2mol/L H_2SO_4
Al_2O_3(刚玉)	5	Cr、Cu、Ga、Fe、Mg、Mn、Ni、P、S、Si、Ti、V	4g H_3BO_3 加 12g Na_2CO_3（或 10.3g Na_2CO_3 加 3.3g $Na_2B_4O_7$）	1000℃,20min,铂坩埚
Al_2O_3(刚玉)	1	Na	1.4g Li_2CO_3 加 1.75g B_2O_3	1150℃,20min,铂坩埚
Al_2O_3	1	Na	20mL HF 加 50mL NH_3 水(1：1),加 20mL 水	铂皿,热至冒烟
Al_2O_3	1	Ca	7.2mL HCl 加 2mL 水	270℃,12h,封管
Al_2O_3	2	Cl、F	热水解	1000℃,2～4h,石英器皿
砷矿或砷渣	2	As	20mLHNO_3	溶解后用 20mL H_2SO_4 (1：1)冒烟
砷矿或砷渣	2	As	12～16g Na_2O_2	铁或镍坩埚
硫化砷	100	Ag、Au	100mL 浓 H_2SO_4	沸腾 2h,溶于 250mL 8%～60%酒石酸
As_2O_3	0.1	As	10mL H_2SO_4 加 0.5g S	沸腾去硫,滴定 As

续表

样品名	取样量/g	被测成分	溶剂	备注
As_2S_3	0.2	S	2mL 乙醇加 3mL Br_2	5min 后,加 5mLHCl,温热
Au(细金)	0.25	Au	0.625g Ag 加 1g 试铅(火试金法)	1000℃,去铅,将粒状物溶于 HNO_3
Au	100	Ag	400mL 王水加 50mL 水	金可回收
金合金	0.5~1	Au、Ag、Cd、Cu、Fe、Pd、Pt、Sn	12~15mL 王水	
$KAu(CN)_2$	0.3~1	Au	20mL 浓 H_2SO_4	热至冒烟
粗硼砂	5	B	150mL 水	在水浴上,煮沸 5min
铁硼合金	0.5	B	50mL HCl(1:1)加几滴 HNO_3	玻璃器皿
铁硼合金	1	B	10g Na_2O_2	加热至 900℃,铁坩埚
铁硼合金	1	B	3g $NaKCO_3$ 加 5g Na_2O_2	铁坩埚
硼化钛	0.25	B	10g Na_2CO_3	铂坩埚
氮化硼 BN	0.25	N	15mL HF(20%~30%)	150℃,4h,聚四氟乙烯杯,磁搅拌
氮化硼 BN	0.20	N	10g Na_2CO_3(2g 用于混合,7~9g 分置于上层和下层)	烧结,1200℃,再加热 20min,铂皿,溶于 20mL 水
绿柱石	0.5	Be	3g KF	铂皿,用 5mL H_2SO_4 热至冒烟
Be	1	Al、Fe、Ni	40mL HCl(1:1)	
Be	0.5~1	B、Si	50mL NaOH(45%)	
Be	1	Cu	15mL HNO_3	
Be	0.3	F	35mL H_2SO_4+25mL 水	
铍铝合金	0.25~0.50	Be	20mL HCl(1:1)+2mL HNO_3(1:1)	
铍铝合金	5	Be、Cu	42mL 混合酸	
铍铁合金	2	Be	50mL HNO_3(1:1)+100mL 水	
铍镍合金	5	Be	50mL H_2SO_4+50mL HNO_3	
铋矿	1	Bi、Mo、Pb、Sb、Sn、W	20g Na_2O_2	镍坩埚
铋矿	1~5	As	HNO_3	用 20mL H_2SO_4(1:1) 热至冒烟
Bi	2~5	As	20mL 浓 HNO_3	用 20mL H_2SO_4(1:1) 热至冒烟
Bi	1	Pb	氮化法	300℃,用 HNO_3(1:1) 溶解铅残渣
Bi	2~10	Ag、Cu、Te	10~50mL HNO_3(1:1)	
铋合金	1	Bi、Ca、Cu、Pb	10mL 酒石酸(50%)+10mL HNO_3(1:1)	

续表

样品名	取样量/g	被测成分	溶剂	备注
铋合金	1	Sn	25mL 浓 H_2SO_4	
C(活性炭)	3	Hg(痕量)	10mL H_2SO_4＋25mL HNO_3＋ 0.1g V_2O_5	回流 2h
煤、煤灰	0.25	Cr、Cu、Fe、Ni、Ti、V	3g $Na_2B_4O_7$	1000～1100℃，20min，铂坩埚
煤、煤灰	0.25	Al、Ca、Si	2.5g Na_2CO_3	使 SiO_2 挥发，残渣溶于 H_2SO_4
煤、煤灰	0.1	K、Na	2mL HNO_3(1∶1)＋2mL $HClO_4$(1∶4)＋5mL HF	使 SiO_2 挥发，残渣溶于 H_2SO_4
煤、煤灰	1	S	3g MgO＋Na_2CO_3(2∶1)	750～800℃，铂坩埚
煤、石墨	0.5	S	在 O_2 中燃烧	1250℃，石英皿
沥青	0.1～0.5	S	在 O_2 流中燃烧	900～1000℃
$CaCO_3$	0.25	Mg	10mL HCl(1∶1)	
$CaSO_4 \cdot 2H_2O$ (石膏)	0.5	Al、Ca、Fe、Pb、Tl、Zn	40mL 2mol/L HCl＋150mL 水	煮沸 5～10min
Ca	0.25	Cu、Fe、Pb、Tl、Zn	150mL HNO_3(1∶1)	
Ca 粉尘、废渣	0.25～2.5	Cu、Ca、Pb、Tl、Zn	10～50mL HNO_3(1∶1)	20mL H_2SO_4(1∶1) 热至冒烟
Ca 粉尘、废渣	2～5	Bi	12～30g Na_2O_2	
钴矿、废渣、废物	2	Co、Cu、Pb、Ni	25mL HNO_3＋10mL 水	用 H_2SO_4(1∶1)热至冒烟
钴铬材料	2.5	Co、Cu、Pb、Ni	15～20g Na_2O_2＋1g Na_2CO_3	刚玉坩埚，熔融 10min
Co	2.5～4	Co、Ni	50mL HNO_3(1∶1)	
Co	1	Ca、Cu、Fe、Mn、Ni、Zn	50mL HNO_3(2∶3)	
Co	10	Si	200mL 混合酸	
钴合金(2%～75%Co)	0.2～0.5	Co	20mL 混合酸	在 60～70℃溶样
钴合金(0.1%～0.5%Co)	0.15～0.5	Co	5mL 王水	小心温热
CoO	2	Cu、Mn、Ni	25mL HCl	
铬铁矿	0.5	Cr	10g Na_2O_2	氧化铝坩埚
铬矿	1	Cr	15g Na_2O_2＋2g NaOH＋ 3g $NaKCO_3$	缓慢加热，铁坩埚
铬矿	1	Fe、P	30mL $HClO_4$	煮沸 3～5h
Cr	1	Cr	15g Na_2O_2＋2gNaOH＋ 3g $NaKCO_3$	铁坩埚(带 NaOH 熔层)
Cr	1～2	Si	40mL H_2SO_4(1∶1)	
Cr	10	S	250mL H_3PO_4	小心温热
铁铬合金	0.5	Cr	8g Na_2O_2＋4g $NaKCO_3$	在镍坩埚中熔融

续表

样品名	取样量/g	被测成分	溶剂	备注
铁铬合金	0.5	Cr	8g Na_2O_2+2g $NaKCO_3$ 覆盖	600～700℃,5min,铁坩埚
铁铬合金	0.2～1	C,S	0.5g Sn+1g Fe,在氧流中燃烧	1350℃
铁铬合金	1	Si	40mL H_2SO_4(1:4)	
铁铬合金	1～10	N	100mL 水+10～40mL 浓 H_2SO_4	
碳化铬	0.5	Cr	10～15g Na_2O_2	铁坩埚
碳化铬	1	Fe	10～20mL $HClO_4$	铂皿,热至冒烟
碳化铬	0.5～1	Si	5g Na_2CO_3+2g KNO_3	蒸干再加 HCl(1:6)
铜矿、铜锍	2	Co、Cu、Fe、Ni、Zn	20mL HNO_3+20mL H_2SO_4 (1:1)	温热溶解,热至冒烟
铜矿、铜锍	2～5	Pb	20～40mL HNO_3(2:1)+ 20～40mLH_2SO_4(1:1)	
铜矿、铜锍	2～5	Bi,Sb	50mL HNO_3(2:1)	10min后+50mL HNO_3 (2:1)+2～3mL HF
含铜废渣、飞灰、铜渣	10	Cu	50mL 水+50mL HNO_3(1:1)	
Cu(纯)	5	Cu	42mL 混合酸	
铜泥、紫铜、炉铜、阳极铜	10～20	Cu	100mL 水+200 mLHNO_3	
Cu(旧)	10	Cu、Ni、Pb	100mL HNO_3(1:1)	溶解后冷却,然后温热
粗铜	25	Cu、Bi、Ni、P、Pb、Sb、Sn	500mL 水+200mL HNO_3 (1:1)	溶解后冷却,然后温热
粗铜	5	Fe	40mLHCl(7:3)+40mL H_2O_2	
粗铜	0.5～5	Se、Te	25～125mL H_2SO_4(1:4)	然后缓慢加 30～60mL H_2O_2
铜合金	2	Cu、Al、Bi、Ca、Co、Cr、Fe、Mg、Mn、P、Ni、Pb、Zn	25mL HNO_3(1:1)	然后加 20mL H_2SO_4 (1:1)冒烟
铜合金	2	Sn	25mL HNO_3(1:1)	残渣中有 SnO_2 水合物
青铜	2	Sn、Cu、Pb	25mL HNO_3(1:1)	残渣中有 SnO_2 水合物
青铜	1～5	Cu、Pb、Zn	20～50mL HNO_3(1:1)	
铜合金	1～2	Si	20～40mL HNO_3(1:1)	然后加 20mL HCl 蒸干
铜硅合金	2	Cu	25mL HNO_3(1:1)+ HF 溶解 SiO_2	电解法测定
铜合金	1	S	50mL 混合液	
萤石粉	0.7	F	70 mL $HClO_4$+50mL 水	蒸馏出 HF
CaF_2、AlF_3、Na_3AlF_6	0.1	F	热水解+0.4g V_2O_5	1000～1050℃,1h,镍皿
Na_3AlF_6	0.5	F	2g SiO_2+8g $NaKCO_3$	700℃,铂坩埚

样品名	取样量/g	被测成分	溶剂	备注
AlF_3、Na_3AlF_6	0.5	Al、Ca、Fe	5g $K_2S_2O_7$	700℃,铂坩埚
AlF_3、Na_3AlF_6	1	Si	12g H_2BO_3+5g Na_2CO_3	1000℃,20min,铂坩埚
CaF_2、AlF_3、Na_3AlF_6	0.2	Ba	4mL $HClO_4$ 蒸干两次	残渣用 5g $NaKCO_3$
Na_3AlF_6	0.5	Na	5mL 浓 H_2SO_4	热至冒烟,铂皿
AlF_3、Na_3AlF_6	0.2~0.5	S	0.3~0.5mL $HClO_4$	热至冒烟,铂皿
铁矿	0.5	Fe	25mL 浓 HCl+5mLHNO_3	残余铁矿用 $HF+H_2SO_4$ 蒸干,再加 3g$Na_2S_2O_7$ 熔物,铂皿
铁矿	0.5	Fe	0.3g Na_2CO_3	800~1000℃烧结 10min,溶于 30mLHCl(1:1)中
铁矿	0.25~2	Si	25mLHCl+5mLHNO_3	
铁矿	0.25~1	Al	10~20mL HCl+5~10mL HNO_3+10~15mL $HClO_4$	
铁矿	0.25~1	Ca、Mg、Mn	30mL HCl+10mL HNO_3	
铁矿	0.5	Ti	3g $NaKCO_3$+2g$Na_2B_4O_7$	900~1000℃,15Min
铁矿	0.5	V	4g Na_2CO_3+2g$Na_2B_4O_7$	熔融 10min
铁矿	1	Cr	5g Na_2O_2+5g Na_2O_2	镍坩埚,红热
铁矿	0.5~4	P	20~50mL HCl+5mL HNO_3	
铁矿	0.5~5	S	10gNa_2CO_3+5gNa_2O_2	
铁矿	0.3	Fe	2gNa_2O_2	锆坩埚,红热,熔融
铁矿	0.1	总 Fe 或 Fe(Ⅱ)	10g 缩聚磷酸	290℃,30min,石英管
黄铁矿	0.5	S	10mL HNO_3+5mLHCl	室温,12h,煮沸去硝酸
黄铁矿	0.5~1	Cu	35 mL 王水+HF 几滴	室温,几小时,煮沸去硝酸
黄铁矿	0.5	Cu	6g 混合试剂	Al_2O_3 坩埚,熔体溶于盐酸
焙烧黄铁矿	5	Cu	60mL HCl+30mL HNO_3	室温,12h,少量 $KClO_3$
焙烧黄铁矿	2	Pb、Zn	20mL H_2SO_4+5mL 发烟 HNO_3	1~2h,凯氏烧瓶
生铁、铸铁	1	总 C 量	O_2 气流	1200~1300℃
生铁、铸铁	1	游离 C	50mL HNO_3(1:1)+1~2mL HF	
生铁、铸铁	1~5	Si	20~50mL,HCl+ HNO_3	
铜合金	0.5~2	Si	30~50mL 混合酸	
铁、钢	0.2	Mn	15mL HNO_3(1:1)	
铬钢	1	Mn	50mL H_2SO_4(1:5)	
生铁、钢	0.5~2	P	20~50mL HNO_3(1:1)	最后用 $KMnO_4$
铬钢	0.2~0.5	P	40mL HNO_3(1:1)+15mL HCl+40 mLHClO_4	加 10~15 滴 HF

样品名	取样量/g	被测成分	溶剂	备注
生铁、钢	0.5~1	S	O_2 气流	1400℃
生铁、钢	5~10	S	100mL HCl	
钢	1	B	15mL H_2SO_4(1∶1)+ 5mL H_2O_2(15%)	回流
铬钢	0.25~2	Cr	60mL H_2SO_4(1∶5)+ 10mL H_3PO_4	
铬钢	0.25~1	Co	20~40mL HCl(1∶1)+HNO_3 少许	最后用 20mL $HClO_4$
含铜的钢	2~5	Cu	40mL HCl(2∶1)+10mL HNO_3	
钢	5~10	Mg	70mL HCl+3.5mL HNO_3 +0.25~0.5g $KClO_3$	
铂钢	0.25~10	Mo	20~70mL H_2SO_4(1∶5)	最后用 HNO_3
镍钢	1~3	Ni	10~20mL $HClO_4$	
含碲的钢	2	Te	20mL HBr-Br_2 混合液	
工具钢	0.5~3	V	60mL H_2SO_4(1∶5)+ 10mL H_3PO_4	最后用磷酸氧化
钨钢	0.5~5	W	50~100mL HCl	
镍铬钢	0.5	Cr	10mL $HClO_4$+10mLH_3PO_4	
镍铬钢	0.5	Ni	10mL $HClO_4$+20mL 王水	
Ga	2	Cu、Fe、Zn	30mL HCl(1∶1)+ HNO_3(1∶1)	
Ga_2O_3	0.5	Ga	10mL HCl	
粗锗(原料)	0.5~1	Ge	2.5~5gNa_2CO_3 盖以少许 Na_2O_2	缓慢熔融
GeO_2	5	As	10mL 水+25mL HNO_3+ 10 mL HCl	煮沸 1~2h
粗锗(原料)	1~2.5	In	25mL HNO_3+25mL H_2SO_4	热至冒烟
In	1	Ca、Pb、Zn	15mL HBr	
In	1	Cu	10mL HNO_3(1∶1)	
In	5	Fe、Tl	125mL HCl	
In	1~2.5	Sb、Sn	30mL $FeCl_3$(10% HCl 溶液)+ 50 mLBr-HCl 溶液	
汞矿、废渣、 中间产物	1~10	Hg	15~60mL 混合液	
锂矿	0.2	Li	5mL H_2SO_4+10mL HF	
Li	2	K、Na	50mL 二氧噁烷+ 50mL 二氧噁烷(1∶1)	
锂化合物	100	Al、Co、Fe、K、Mg、Na	200 mL 水+250mL HCl	
Mg	0.5~1	Al、Fe	15~20mL HCl(1∶1)	
Mg	0.1~1	Ca、Zn	5mL H_2SO_4(1∶1)	

续表

样品名	取样量/g	被测成分	溶剂	备注
Mg	2	Cl	45mL HNO$_3$	
Mg	1	Cu	10mL H$_2$SO$_4$(1∶1)+5mL HNO$_3$ (1∶1)+50mL 水	
镁合金	1	Al、Ca、Cr、Fe、Pb、Zn	50mL 水+10mL H$_2$SO$_4$(1∶1)	
镁合金	1	Ca、稀土、Ni、Th、Zr	25mL HCl(1∶1)	
镁合金	1	Cu、Mn	10mL H$_2$SO$_4$(1∶1)+ 5mL HNO$_3$(1∶1)	
镁合金	1	Si	50mLBr$_2$ 水+14mL H$_2$SO$_4$(1∶3)	
镁合金	1	Cu	25mL 水+13mL HBr	加滴 Br$_2$
镁铝合金	1	Al	25mL HCl(1∶1)	
镁铝合金	1~2	Ca	25mL H$_2$SO$_4$(1∶9)	
镁铝合金	1~2	Cu	50mL HCl(1∶1)	加 H$_2$O$_2$ 数滴
锰矿	0.3~0.4	Mn	10mL HCl+10mL HNO$_3$+ 4~5mL HF+10mL HClO$_4$	热至 HClO$_4$ 冒烟
锰矿	1	Mn、Fe、P	50mL HCl	
锰矿	0.2~0.4	Si	5gKOH	450~500℃,3~4min,银皿
锰矿	5	As	15gNa$_2$O$_2$	镍坩埚
Mn	1	Mn	30mL HNO$_3$	
Mn	1	Si	30mL 混合酸	
锰铁合金	0.25	Mn	15mL HNO$_3$(1∶3)+8mL HClO$_4$	
锰铁合金	1	Mn、P	30mL HNO$_3$	
锰铁合金	1	Si	30mLHNO$_3$+60mL H$_2$SO$_4$ (1∶1)	
锰铁合金	1	Cr	12g Na$_2$O$_2$	镍坩埚
锰铁合金	2.5	As	20g Na$_2$O$_2$	镍坩埚
硅锰合金	0.3	Mn	10mL HF+HNO$_3$(滴加)	8mL HClO$_4$ 热至冒烟
MnO$_2$（电解）	5	Co、Cu、Fe、Ni	30mL 6mol/L HCl+1mLH$_2$O$_2$	
MoS$_2$ 富矿 焙钼矿	1	Mo	15gNa$_2$O$_2$+5gNa$_2$O$_2$ 作覆盖用	铁坩埚
已焙烧钼矿	1	Al	5gK$_2$S$_2$O$_7$	铂皿
MoS$_2$ 富矿 焙钼矿	1~2	Bi	5mLH$_2$SO$_4$+10mLHNO$_3$	铂皿,热至冒烟
已焙烧钼矿	1	Ni	10mLNH$_3$ 蒸发后+6mLHF	聚四佛乙烯皿
MoS$_2$ 富矿 焙钼矿	0.5	P	25mL HCl+20mL HNO$_3$ +10mL HClO$_4$	热至冒烟
MoS$_2$ 富矿 焙钼矿	1	Ph、Sn	10mLHNO$_3$	用氨水漂洗残渣使 铂溶解

样品名	取样量/g	被测成分	溶剂	备注
MoS_2 富矿 焙钼矿	1~2	Re	1g $NaClO_3$＋20mL HNO_3	
已焙烧钼矿	1	Sb	10mLH_2SO_4(1:1)＋20mLHF	铂皿,蒸发至干
MoS_2 富矿焙钼矿	1	Se	8g Na_2O_2＋3g Na_2CO_3	镍坩埚
已焙烧钼矿	0.5~1	Zn	10g $NaKCO_3$	铂皿
Mo	0.5	Mo	20~40mL HNO_3(1:1)	
Mo	1~5	Cu、Fe、Ni	5mL H_2SO_4,后滴加 HNO_3	
Mo	0.25~1	Ni	10mL HCl,滴加 HNO_3	
Mo	0.2	Si	3mL H_2SO_4(1:1)＋ 3mL HNO_3(1:1)	
钼铁合金	1	Mo	15g Na_2O_2	镍坩埚
钼铁合金	0.5	Mo、Si	10mL HNO_3(1:3)＋ 10mL H_2SO_4(1:1)	热至冒烟
钼铁合金	3	W	50mL HCl(1:1)＋HNO_3(滴加)	
钼铁合金	1.25	Cu、P	20mL HCl＋5mL HNO_3	
MoO_3	1.5	Si	2.5g Na_2CO_3＋2.5g Na_2CO_3 覆盖	铂皿
铌、钽富矿	1	Nb、Ta、Al	10g $K_2S_2O_7$	铂皿
铌、钽富矿	1~2	Nb、Ta	18g Na_2O_2＋5g Na_2O_2 覆盖	镍坩埚
铌、钽富	1~2	Nb、Ta	2mL H_2SO_4 蒸发至干, 15g Na_2O_2 熔融	Al_2O_3 坩埚
铌、钽富矿	1	Ca	20~25g Na_2O_2	镍坩埚
钽矿	0.1~1	F、Cl	1g SiO_2＋0.5g V_2O_3 热水解	1000~1300℃,石英皿
铌、钽富矿	1	Si	10g $K_2S_2O_7$ 熔融＋40mL H_2SO_4 蒸干	铂皿
铌、钽富矿	1	Si	18g Na_2O_2＋5g Na_2O_2	镍坩埚
铌、钽富矿	2.5	Sn	20~25g Na_2O_2	铁坩埚
铌、钽富矿	0.1	Ti	4g $K_2S_2O_7$	铂皿
钽矿	0.25	U	0.5mL H_2SO_4＋0.5mL $HClO_4$ 蒸干,然后用 3g $K_2S_2O_7$ 焙烧	石英坩埚
铌、钽富	1	Zr	15g $NaKCO_3$＋2g H_3BO_3	铂皿
Nb、Ta	2	Nb、Ta	10mL HF＋HNO_3	铂皿,滴加
Ta	2	Nb	10g $K_2S_2O_7$ 熔	预先烧 30min 石英坩埚
Nb、Ta	5	Mo、W	30mL HF＋HNO_3	聚四氟乙烯皿,滴加 HNO_3
Nb	0.5	Mo、W	10mL H_2SO_4＋3g NH_2HSO_4	铂坩埚
Nb	0.5	Fe	2mLHF＋HNO_3(1:1)	铂坩埚,后滴加 HNO_3

续表

样品名	取样量/g	被测成分	溶剂	备注
Nb、Ta	1～5	Co、Cu、Fe、Mn、Ni	10～30mL HF＋HNO$_3$	铂皿,后滴加 HNO$_3$
Nb	1	N	10mL HF＋5mL HCl	铂坩埚,加 HF ＋ H$_2$O$_2$
Ta	0.5	N	1g K$_2$Cr$_2$O$_7$＋2mL H$_3$PO$_4$	聚四氟乙烯皿
铌铁合金	0.5	Nb、Ta、Ti	40mL 混合酸	塑料皿,后滴加 HNO$_3$
铌钽铁合金	1～2	Nb、Ta	15g Na$_2$O$_2$＋2.5g K$_2$CO$_3$＋2.5g Na$_2$CO$_3$	铂坩埚
铌钽铁合金	1	Nb、Ta	18gNa$_2$O$_2$,再用 10g Na$_2$O$_2$ 熔融	Al$_2$O$_3$ 皿
铌钽铁合金	0.5～1	Si、Ti	20g K$_2$S$_2$O$_7$	铂皿
铌钽铁合金	1～2	Sn	15g Na$_2$O$_2$	镍坩埚
铌、钽碳化物	0.1	Nb	12g K$_2$S$_2$O$_7$ 熔＋50mL H$_2$SO$_4$	铂皿,先在空气中灼烧
铌、钽碳化物	01～0.2	Mo、W	1mL HF＋HNO$_3$ 数滴	铂皿,H$_2$SO$_4$ 冒烟
铌、钽氧化物	0.25	Mo、W	2～3g NaKCO$_3$	铂皿
铌、钽氧化物和碳化物	1～5	Co、Cu、Fe、Mn、Ni	10～30mL HF＋HNO$_3$	铂或聚四氟乙烯皿
钽氧化物、碳化物	0.1～1	B	5g(NH$_4$)$_2$SO$_4$＋20mL H$_2$SO$_4$	石英皿,回流
铌、钽氧化物	0.5～1	Si	5gNaOH	镍坩埚
铌、钽氧化物	1	P	12gNa$_2$O$_2$	镍坩埚
镍矿	2～5	Ni、Co、Cu	10mL 水＋25mL HNO$_3$	40mL H$_2$SO$_4$(1∶1)冒烟
Ni	2.5	Ni	50mL HNO$_3$(1∶1)	
Ni	1	Co、Fe	20mL HNO$_3$(2∶3)	用 10mLHCl 蒸发至干
Ni	2.5	Al、Mg	25mL HNO$_3$(1∶1)	
Ni	10	Cu、Mn、Pb、Zn	100mL HNO$_3$(2∶3)	
Ni	1	Si	25mL HNO$_3$(1∶4)	
铁镍合金	5	Ni	50mL H$_2$SO$_4$＋50mL HNO$_3$	
铜镍合金	1	Co、Cu、Fe、Ni、Cu	20mL 混合酸	
铜镍合金	1～2	Sn	5mL HCl＋20mL HNO$_3$(1∶1)	
镍铬合金	0.5	Ni	20mL 稀水王(1∶1)	用 10mL HClO$_4$ 冒烟
镍铬合金	0.5	Cr	10mL HClO$_4$＋10mL H$_3$PO$_4$	
磷酸盐矿物	0.1	P、Fe、Si	4g 熔融混合物	加热至红亮,5mL,冒烟
P(白或红)	1	痕量金属	50mL HNO$_3$ 7mol/LHNO$_3$	石英皿
P$_2$S$_5$	0.5	P、S	40mL NaOH(5％)＋10g Na$_2$O$_2$	用水稀释到 150mL,煮沸 15min
铁磷合金	0.5	P	20mL HNO$_3$(用 Br$_2$ 饱和)＋1mL H$_2$SO$_4$	铂皿,并用 1～2mL HF 处理
铁磷合金	1	P	3g NaKCO$_3$＋5～7gNa$_2$O$_2$	Al$_2$O$_3$ 坩埚

样品名	取样量/g	被测成分	溶剂	备注
铁磷合金	0.2~0.5	Mn	$HF+HNO_3$	15mL H_2SO_4(1:1)冒烟
铁磷合金	0.3	Si	40mL 1.5mol/L H_2SO_4+10mL 3mol/LHNO_3+2.5mLHF	在80℃加热3h以上,聚丙烯皿
铁磷合金	2.5	Cr、Mn、V	20mL HNO_3+5mL H_2SO_4+5mL HF	铂皿
P_2S_5	1	Fe	10mL NaOH(30%)+30mL H_2O_2(15%)	石英烧杯
铜、银、磷合金	0.5	P	25mLHNO_3(2:3)	
磷酸盐、焦磷酸盐	0.5	Fe、P	4g NaOH	400℃,30min,金皿
聚磷酸盐	1.5	P、碱金属	25mL 0.5mol/L H_2SO_4	回流3h
铝矿	2	Pb、Bi、Sb、Sn	10g Na_2O_2	5g Na_2O_2+1g NaOH覆盖,铁坩埚
铝矿	1	Pb、Zn	30mL $HClO_4$+3mL HNO_3	
铝矿	2	Cu	30mL HCl 温热+5mL HNO_3	
铝矿	1~2	Zn	20mLHCl 煮沸+10mL HNO_3+20mLH_2SO_4(1:1)	
铝矿	1~5	As	HNO_3 分解后	用20mL H_2SO_4 冒烟
Pb	2~5	Cu、Zn	10~20mLH_2SO_4	
Pb	10	Bi、Sb、Sn	40mL 酒石酸(20%)+25mL HNO_3	
Pb	25	Fe、Zn	250mLHNO_3(1:1)	
Pb	50	As、Fe、Sb、Sn	250mLHNO_3(1:5)	
Pb	20	Ag、Bi、Cu	100mL HNO_3(1:3)+1g 酒石酸	
Pb	10	As	300mL $FeCl_3$(25%的 HCl 溶液)	
铝合金	2	Pb、Cu	20mLHBr-Br_2 混合液	
铝合金	10	Pb、Te、Sb、Sn	100mL HCl-Br_2 混合液	
铝合金(硬铝)	10	Pb、Cd、Cu	100mL HNO_3(1:1)+100mL 饱和酒石酸液	
铝合金	10	Ba、Ca、Fe、Li、Na、Na、Ni、Sn、Zn	60mL HBO_3(1:2)	
铝合金	2~10	Al、As	20~60mLH_2SO_4	
铝合金	10	Sn	50mL HCl+$KClO_3$(小量)	
Pb_3O_4	1	Pb、其他杂质	15mL 2mol/LHNO_3+3mLH_2O_2(3%)	
Pb_3O_4	10	金属 Pb	50mL 乙酸铵(50%)+5g$N_2H_4 \cdot$ HCl+乙酸 100mL	
PbO	2	Pb	30mLHNO_3(1:2)	用 H_2SO_4(冒烟)
Pt(纯)	1	Pt	20mL 王水	加 3~5mL HCl(1:1)蒸发5次
Pd(纯)	0.25	Pt、Pd、Ir、Rh	20mL 稀王水(1:1)	

续表

样品名	取样量/g	被测成分	溶剂	备注
Rh	1	Rh、Pd、Pt、Ir、Au	氯化,溶于王水	700℃ $RhCl_3$,不溶
Ru	1	Ru、Os、Pd、Ir、Rh、Pt	8g KOH+1g KNO_3	镍、银或金坩埚
Os	10	Os	氧气流	600～850℃,形成 OsO_4
Os	1	Ru、Rh、Pd、Ir、Pt	4g KOH+KNO_3	
Ir	1	Ru、Rh、Pd、Os、Pt	氯化	600℃,用王水(1:2)提取残渣
铱锇矿	1	Os、Ir、Rh、Ru、Pd、Pt、Au	8g KOH+1g KNO_3	按元素用不同方法处理残渣
铂灰	0.5～1	Pt	15mL 王水	
钯灰	0.5～1	Pd	15mL 王水	
阳极泥	5～12.5	Pd、Pt、Ag、Au	60mL H_2SO_4	煮沸 20min
催化剂	6～10	Pt	王水(1:3)	水浴,12h
锑矿、废渣、灰尘	2	Sb、Sn	20g Na_2O_2	700℃,铁坩埚
锑矿、废渣、飞灰	2	As	20mL HNO_3	20mL H_2SO_4(1:1)冒烟
锑矿、废渣、飞灰	5	Cu、Pb	100mL HBr-Br_2 液	残渣用 50mL HNO_3(1:1)
Sb	0.2	Sb	20mL H_2SO_4+40mL HCl+30mL 水	
Sb	2.5	Bi、Sn	50mL HCl-Br_2 溶液	
Sb	5～10	As	250mL $FeCl_3$(35%HCl 溶液)	
Sb	10	Cu、Fe、Ni、Pb、Zn	200mL HCl-Br_2 液	
Sb	5	S	30mL HBr(2:1)	
Sb_2O_5	0.14	Sb	10mL H_2SO_4+0.5gS	煮沸除去硫,滴定 Sb(Ⅲ)
硒、碲富矿	50	Se、Te	200mL HNO_3	
Se	1	Se	30mL 水+2g$KBrO_3$	
Se	25	Te	50mLHNO_3	用 20mLH_2SO_4(1:1)蒸发 2 次
含硒岩石、废渣	0.5～1	Se	30g 缩聚磷酸+0.1NH_4Br	缓慢加热至 290℃蒸出 $SeBr_4$,鼓空气泡
Te	0.5	Te	50mL HCl(1:1)+8～10g $KBrO_3$	
Te	10	Se	100mL HCl(1:1)+8～10g $KBrO_3$	
Si(纯)	1	Al、Ca、Fe、Na、P、Ti	1mLH_2SO_4(1:1)+20mL HF+3mL HNO_3	铂皿,用 1mL HF+5mL HNO_3+5mL H_2SO_4(1:1)冒烟
硅铁合金	0.4～0.5	Si	5g $NaKCO_3$+1g Na_2CO_3 熔融,再加 8g Na_2O_2	镍坩埚
硅铁合金	0.1	Si	40mL 1.5mol/LH_2SO_4+10mL 3mol/LHNO_3+2.5mLHF	80℃,3h,聚丙烯杯
硅铁合金	1～2	Fe、Si	20～30HF+HNO_3	铂皿,硝酸滴加

续表

样品名	取样量/g	被测成分	溶剂	备注
硅铁合金	1	Al、Ca、Fe、Ti	$HF-H_2SO_4 + Na_2B_4O_7$	铂皿
硅铁合金	0.25	Al,P	10mL HNO_3(1∶1)+5mL HF（分次）	铂皿
硅锰合金	1	Si	5g $NaKCO_3$+2g $NaKCO_3$ 覆盖+2g Na_2O_2	镍坩埚
硅锰合金	1	Mn	30mL HNO_3+2mL HF	铂皿
Si_3N_4	0.25	Al、Ca、Fe	15mLHF	150℃,6h,带电磁搅拌的聚四氟乙烯皿
SiC	0.2	C	3g 硼酸铝,氧气流	1h,未上釉的瓷舟
石英、砂	1~2	主要杂质	1mL 水+10mLHF+1mL H_2SO_4(1∶1)	金铂,放置12h,然后用5mL HF+0.5 mL H_2SO_4 至冒烟
硅酸盐(一般)	0.25~0.5	主成分	8倍样品量 Na_2CO_3	铂皿,900℃熔融30min,不适用于耐蚀矿物
硅酸盐(一般)	0.5	主成分	8倍样品量 Na_2CO_3+$Na_2B_4O_7$	适用于包括锆矿在内的所有硅酸盐
硅酸盐(一般)	0.5	主成分	2g Na_2O_2+1.5g NaOH	440℃,烧结30~60min,适用于耐蚀矿物,不适用于锆矿
硅酸盐(一般)	0.5	主成分	2gKHF_2	小心去水,高温1min,适用于所有硅酸盐
硅酸盐(一般)	0.5	主成分	3g LiF+2gB_2O_3	高温热15min,不适用于耐蚀矿物
硅酸盐(一般)	0.2	主成分	1g $LiBO_2$	950℃,10~15min,不适用于耐蚀矿物及锆物
硅酸盐(一般)	0.25	Al、Ca、Fe、K、Mg、Na、Sn、Ti	0.5mL HCl+3mL HF+1mL HNO_3	140℃,1~5h,聚四氟乙烯皿,原子吸收法测定
硅酸盐(一般)	0.1	Al、Fe、K、Na、Mg、Ti	3mL H_2SO_4+5mL HF	水浴,铂皿,原子吸收法测定
硅酸盐(一般)	0.1	Al、Ca、Fe、Mg、Na	3mL H_2SO_4+5mL HF	水浴,铂皿,原子吸收法测定
硅酸盐(一般)	0.25	Ca、Co、Cr、Fe、K、Mg、Na	1.5g $LiBO_2$	1000℃热至清亮,铂坩埚,溶于125mL 2.5mol/L HCl,原子吸收法测定
硅酸盐(一般)	0.1~02	主成分(除 Si、B、F外)	5mL HF+2mL $HClO_4$	铂皿,冒烟,用2mL HCl(1∶1)溶解
低硅矿物	1	各种主成分	1mL 水+25mL HCl(1∶1)	温热
硅酸镁	1~2	主成分	30mL HCl(1∶1)+0.5mL H_2SO_4(1∶1)	Cr_2O_3<1%
硅酸盐	1	碱金属	10mL HF+2mL $HClO_4$	铂皿,用$HClO_4$ 热至冒烟
硅酸盐(玻璃)	0.3	B	1~2g NaOH	450℃,10min,金银皿
硅酸盐	0.2	F	热水解,加 0.5gU_3O_8 混合	950℃,石英器皿

续表

样品名	取样量/g	被测成分	溶剂	备注
硅酸盐	1	F	热水解,加 1.5gU_3O_8 混合	950℃,石英器皿
硅酸盐	1~2	Ti、Zr	10mL HF+1mL H_2SO_4 (1:1)	铂皿,放置12h,重复用 HF+H_2SO_4 热至冒烟
硅酸盐	1	Se	10mLHF+10mLHNO$_3$,蒸至近干	溶于10mLH_2O
硅酸盐	1	P、Si	5gNaOH	450℃,30min,金属
铝硅酸盐(锂云母,长石,高岭土)	1	主成分(除 Si、B、F 外)	1mL 水+10mL HF+1mL H_2SO_4(1:1),必要时重复处理,残渣用 7.5g Na_2CO_3+2.5g $Na_2B_4O_7$	放置0.5~12h,热至冒烟,500℃,5min,1000℃熔融,铂皿
高岭土(Al 及 Ba 量高的硅酸盐)	1	主成分	1mL 水+10mL HF+1mL H_2SO_4(1:1),残渣用 5g $K_2S_2O_7$	放置0.5~12h,热至冒烟,先热至 350℃,10min,再热至 550℃热 10min,铂皿
铝硅酸盐(高铝)	0.5	主成分	2.5gNa_2CO_3+1.5g$Na_2B_4O_7$	1000℃,20min,铂皿
水泥(波特兰、火山灰水泥)	0.5	Al、Ca、Fe、Mg、Si	2.5g NH$_4$Cl+10mL HCl	水浴上热 30min,加 30mL 热稀 HCl,SiO$_2$ 不溶解
铝硅酸盐(黏土、陶器,Al_2O_3<45%)	0.5	Si	2g Na_2CO_3	950℃热 5min,1175℃ 热 5~10min,溶于 30mL 6mol/L HCl
铝硅酸盐(Al_2O_3<45%)	0.5	Si	2.5g NaKCO$_3$+1g $Na_2B_4O_7$	950℃热 5min,1175℃ 热 5~10min,溶于 30mL 6mol/L HCl
铝硅酸盐(Al_2O_3<45%)	1	Al、Ca、Fe、Mg、Si	10mLHF+1mL 9mol/LH_2SO_4 2.5g Na_2CO_3+1g $Na_2B_4O_7$	放置30~60min,热至 H_2SO_4 冒烟,600℃,5min,950~1000℃熔融
富铝红柱石	1	Al、Ca、Fe、Mg、Si	2g Na_2CO_3	1100℃,60min,铂坩埚
富铝红柱石	1	Ca、Fe、Mg、K、Na	5mL HNO$_3$(1:1)+5mL HClO$_4$ (1:4)+10mL HF	铂坩埚
苏打石灰玻璃	1	Si	2gNa_2CO_3	1000℃,12~20min,铂皿
苏打石灰玻璃	2.5	Al、Ca、Fe、Mg、K、Na、Ti	30mL 水+20mL HF+ 2mL H_2SO_4(1:1)蒸发	热至冒烟,550℃热 15~20min,残渣溶于 50mL 水,铂皿
苏打石灰玻璃	1	K、Na	1mL 水+10mL HF+2mL HClO$_4$	热至冒烟,残渣溶于 50mL 水,铂皿
苏打石灰玻璃	2.5	S	6g Na_2CO_3	1100℃,10min,铂皿
管玻璃	1	Al、Ba、Ca、Fe、Mg、Ti	1mL 水+10mL HF+ 1mL H_2SO_4(1:1)	铂皿
管玻璃	1	K、Na	1mL 水+10mLHF+1mL HClO$_4$	铂皿
硼硅玻璃	1	Al、Ba、Ca、Fe、Mg、Ti、Zn	1mL 水+10mL HF+ 1mL H_2SO_4(1:1)	铂皿
硼硅玻璃	0.25	B	4g NaOH	400℃,30min,银坩埚
乳白玻璃	1	Al、Ca、Fe、Mg、Ti、Zn	1mL 水+10mL HF+ 1mL H_2SO_4(1:1)	铂皿

样品名	取样量/g	被测成分	溶剂	备注
乳白玻璃	0.5	P	4g NaOH	400℃,30min,银坩埚
磷酸盐玻璃	1	Al、P	1mL 水+10mL HF+1mL H_2SO_4 (1∶1),10g Na_2CO_3+0.2g $NaNO_3$ +3.5g Na_2CO_3+1.5g $Na_2B_4O_7$	热至 H_2SO_4 冒烟,铂皿熔融 10min,120mL 水漂洗,过滤熔融残渣
高级玻璃	1	Al、Ba、Ca、Fe、Mg、Ti、Zn	1mL 水+10mLHF+1mL H_2SO_4,10g Na_2CO_3+0.2g $NaNO_3$	铂皿,硫酸热至冒烟,500℃,5min,熔融残渣,950℃,30min
高级玻璃	1	K、Na	1mL 水+1mL HF+1mL $HClO_4$	铂皿
高级玻璃	1	Si	5gNa_2CO_3	铂坩埚
铝玻璃	0.5	Pb	mL 水+10mL HF+2mL $HClO_4$	铂皿,残渣溶于 HCl (1∶1)
铅晶玻璃	1	Al、Ba、Ca、Fe、Pb、Ti	1mL 水+10mL HF+2mL $HClO_4$ 蒸干	铂皿或聚四氟乙烯皿,残渣溶于 HCl(1∶1)
棕色安瓿玻璃	1	Sb	10mL HF+0.5～1mL $HClO_4$	铂皿
棕色安瓿玻璃	0.3～0.5	As	3～5gNa_2CO_3	铂坩埚
锡矿、飞灰、废渣	2～5	Sn、Sb、W	10～20g Na_2O_2+5～10g NaOH	加热至暗红,铁坩埚
锡矿	5	As	20mL HNO_3(1∶1)+20mL H_2SO_4(1∶1)	先用硝酸煮沸,再用硫酸热至冒烟
Sn(纯)	1	As、Sb、W	15mLH_2SO_4	冒烟 15min
锡合金	1	Sn、Cd、Cu、Pb、Sb、Zn	25mLHCl-Br_2 液	缓慢温热
青铜	2	Cu、Pb	25mL HNO_3(1∶1)	残渣为 SnO_2 水合物
青铜	1～2	Sn	5mL HCl+20mL HNO_3(1∶1)	
青铜	1	Sn	60mL HCl(1∶1)7mLH_2O_2	
铜锡铝合金	0.6～1	Pb	5mL HBF_4(40%)+10mL HNO_3	
铅锡合金(焊锡)	0.3～1.5	Sn	20mLH_2SO_4+5g$KHSO_4$	
铜铅锡锑合金 (轴承金属)	0.3～2	Sn	20mLH_2SO_4+5g$KHSO_4$	
铜铅锡锑合金	2	Cu、Pb	20mL HBr-Br_2 溶液	
铅锡锑合金	5	As	20mLH_2SO_4+15g$KHSO_4$	
铅锡锑合金	2	Cu	20mL HBr-Br_2 溶液	
天青石($SrSO_4$)	1	Al、Ba、Ca、Fe、Si、Sr	2g Na_2CO_3,混合,7～9gNa_2CO_3 覆盖	带盖铂坩埚烧结,1100℃,45min,溶于 50mL 热水
ThO_2	1	Th	5～10mL $HClO_4$	热至冒烟,加 1 滴 HF 温热
钛矿	0.15～0.25	Ti	1.5～2.5g $K_2S_2O_7$	石英坩埚
钛矿	1	Al、Cr、Ti、V	7g NaOH+3g Na_2O_2	镍坩埚

续表

样品名	取样量/g	被测成分	溶剂	备注
氧化钛富矿	0.2~0.3	Ti	5g Na_2CO_3、K_2CO_3 和 $Na_2B_4O_7$(1∶1∶1)	950℃,铂坩埚
钛铁矿	0.2~0.3	Ti	5g Na_2CO_3、K_2CO_3 和 $Na_2B_4O_7$(1∶1∶1)	950℃,铂坩埚
Ti(纯)、钛海绵	1	Cl、Fe、Mg	10mL 水＋5mL HF	
Ti(纯)	0.5	Al、Mg	40mLH_2SO_4(1∶4)	
Ti(纯)	1	Fe	50mLHCl(1∶1)＋HF 6 滴	
Ti(纯)	0.5	Si	40mL 水＋5mL 稀 HF(1∶2)	
钛铝合金	0.5	Al	40mLH_2SO_4(1∶4)	
钛铬合金	0.25~0.50	Cr	40mL H_2SO_4(1∶4)	
钛钒合金	0.5~1	V	50~100mL H_2SO_4(1∶4)	
钛锡合金	1	Sn	60mL 水＋100m LH_2SO_4＋ 10mL HBF_4	
钛铁合金	1	Al、Ti	30mL HCl(1∶1)	
钛铁合金	0.5	Ti	40mL H_2SO_4(1∶1)	
钛铁合金(酸不溶)	0.5	Ti	12g Na_2O_2＋4g Na_2CO_3	氧化铝坩埚
钛铁合金	2.5	Cr、V	100mL HCl(1∶1)＋90mL 混合酸	
Tl 原料	2	Ti	25mL HNO_3(1∶1)＋ 25mL H_2SO_4(1∶1)	
Tl	5	Ag、Bi、Cd、Cu、 Fe、Hg、Zn	20mL HNO_3(1∶1)	
Tl	5	As	30mL H_2SO_4	
铀矿	0.5~4	U	5mL HNO_3＋30mL HF	2~5mLH_2SO_4 热至冒烟
富铀矿	10	U	50mLHNO_3(1∶1)	
富铀矿	1	B	10mLH_3PO_4	
钒矿	5	V、Pb	40mLHNO_3(1∶1)＋ 20mL HCl(1∶1)	80mLH_2SO_4(1∶1)冒烟
钒矿、废渣、底质	2	V	15g Na_2O_2＋5g Na_2CO_3	铁坩埚
铁钒合金	0.25	V	30mL 混合酸	
钒铁合金	2	Si	15g Na_2O_2	镍坩埚
钨矿	2.5	W、Mo	15g $NaKCO_3$	镍坩埚、铂皿
钨矿	2	W、Mo、As	20g $NaKCO_3$	镍坩埚
钨矿	1.25	Fe、Mn	25g Na_2O_2	氧化铝坩埚
钨矿	1	As	15g Na_2O_2＋5g $NaKCO_3$	镍坩埚
钨矿	1~2	Ca	10g Na_2O_2＋5g $NaKCO_3$	氧化铝坩埚
钨矿	0.1~1	Cl、F	1g SiO_2＋0.5g V_2O_2	1000~1300℃,热水解

续表

样品名	取样量/g	被测成分	溶剂	备注
钨矿	2.5	P	100mL 王水	
锡钨矿	2.5	Sn	25g Na_2O_2	铁坩埚
钨矿	0.25	U	0.5mL H_2SO_4 + 0.5mL $HClO_4$	
W	1	W、Sn	12g $NaKCO_3$	铂坩埚,先在 700℃加热
W	1	Ca、Fe、K、Mo、Na	5mL HF+HNO_3	铂皿,水浴,原子吸收法
钨粉	2	Fe、Mo	2～3mL 水+10 mLH_2O_2	
H_2WO_4	2	Fe、Mo	2～3mL 水+10mL H_2O_2	溶于 25mLNaOH(30%)
WO_3	3	Si	2.5g Na_2CO_3 混合, 2.5g Na_2CO_3 覆盖	铂皿
WO_3	0.1～1	B	20mL H_2SO_4 + 5g $(NH_4)_2SO_4$	石英皿,回流
碳化钨	1	Ca、Fe、K、Mo、Na	5mL HF+HNO_3	铂皿,水浴
碳化钨	0.1～1	B	20mL H_2SO_4+5g$(NH_4)_2SO_4$	石英皿,回流
钛钨碳化物	0.2～0.3	Ti	10gNa_2O_2	氧化铝坩埚,残渣用 5g $K_2S_2O_7$ + 0.5 mLH_2SO_4 溶解
锌原料、飞灰	1.25	Zn、Ba、Cd、Cu、Pb	15mL HCl+5mL HNO_3	蒸干后溶于 10mL HCl (1:1),再用 10mLH_2SO_4 (1:1)热至冒烟
锌原料、飞灰	3	F、Sn	10g Na_2O_2+10gNaOH	镍坩埚
锌原料、飞灰	1.25～5	S(总量)	50～100mLBr_2-HCl 溶液	冷却消解 1h
锌原料	0.5～1	S(硫化物)	20mL 水+80mL 酸液	
锌原料,飞灰	5～10	Cl	100mL HNO_3(1:2)	冷却放置 2h
锌灰	1	Ca、Mg	20mL HNO_3	
锌及其合金	20	Cd、Cu、Pb	30mLHNO_3(2:1)	
Zn(纯)	200	Cd	650mL HCl+100mL HNO_3	
Zn	1	Cd、Pb	10mLHCl	
粗锌	20	Pb	150mL 水+30mL H_2SO_4	
Zn	0.5	Pb	20mLHNO_3(18:85)	
锌合金	10	Al、Mg	35mLHCl	
锌及其合金	2	Fe、Sn	20mL HCl+H_2O_2 (30%)几滴	
铜镍合金			25mLHNO_3(1:1)	
锌铜铝合金	1	Al	20mL H_2SO_4(1:5)	
锌铜铝合金	2.5	Cu	30mL HNO_3(1:1)	

续表

样品名	取样量/g	被测成分	溶剂	备注
$ZrSiO_4$	0.1	Zr	0.5g KHF_2(熔化后)＋5mL H_2SO_4(1∶1)蒸干	熔至硬化,铂皿,用50m LHCL(1∶1)处理
$ZrSiO_4$	0.5	Zr	2.5g Na_2CO_3＋1.5g$Na_2B_4O_7$	900℃,铂皿
锆合金	1	Cr、Fe、Ni	15mL H_2SO_4,滴加 H_2O_2	
锆锡合金	3	Sn	50mL H_2SO_4(1∶1)	热至冒烟
锆锡合金	2～4	Sn	50mL HCl＋2～3mL HF	硬质玻璃烧瓶
锆合金	1	Mn	40mL H_2SO_4(1∶1)＋2mL HF	铂皿
锆合金	1	Cu、Si	15mL 水＋2mLHF	铂皿
锆铁合金	1	Zr	20mL HNO_3＋HF	铂皿,热至冒烟
锆铁合金	0.5	Si	4～5g $NaKCO_3$＋5～6gNa_2O_2 熔	镍坩埚,先烧结后熔融
硬质合金	1	Co	5mLHF＋1mLHNO_3	铂皿
硬质合金	2.5	Co、Mn、W	5～10mLHF＋HNO_3	铂皿,冒烟后残渣用15g $NaKCO_3$ 熔融
硬质合金	1	Mo、W	10g Na_2O_2＋5g Na_2CO_3	铁坩埚
硬质合金	1	Co、Fe、Ni、Ti、Ta、Nb	40mL HNO_3＋5mLHF	铂皿,然后用10mL H_2SO_4 冒烟
硬质合金	2	Cr、V	40mLHNO_3＋5mL HF＋20mL H_2SO_4(1∶1)＋50mL H_3PO_4	铂皿
硬质合金	2	Nb、Ta	10mL HF＋HNO_3	铂皿
硬质合金	0.5	Zn	5g$K_2S_2O_7$	铂皿
氧化铁颜料	2	Fe、Al	50mL HCl＋2mL HNO_3	
氧化铁颜料	1	Cu、Mn	50mLHCl(1∶1)	
氧化铁颜料	1	Fe(Ⅱ)	100mLH_2SO_4(1∶1)	CO_2 气氛
二氧化钛颜料		Ti	15mL 酸混合物	凯式烧瓶
氧化钛颜料	1	Sb、Si	30mL 酸混合物	凯式烧瓶
氧化钛颜料	0.1	Al	1.5g$K_2S_2O_7$	石英坩埚
氧化钛颜料	1	痕量金属	10mLHF	
碳酸铝	0.5～1	Pb	10mL 4mol/LHNO_3	
红铝	0.5～1	Pb	10mL 4mol/LHNO_3	
红铝	0.5～1	Pb(Ⅳ)	25mL CH_3COONa(60%)＋20mL CH_3COOH(30%)＋30mL 0.05mol/L $Na_2S_2O_3$	滴定过量的硫代硫酸盐
红铝	10	不溶残渣	20mL 4mol/LHNO_3＋少量 H_2O_2	应滴加过氧化氢
锌白	1.25	Zn	5mLHCl(1∶1)	

样品名	取样量/g	被测成分	溶剂	备注
锌白	10~50	Pb、Mn	50~100mL HCl	
锌白	40	Ca、Mg	50mLH$_2$SO$_4$(1∶1)＋125 mL 水	
锌白	50~100	Cu、Cd	200~300mL 水＋150~250mL HNO$_3$	
锌白	50	Fe	300mL 水＋120mL 水	
锌白	20	Cl	200mL 水＋50mL 水	
氧化铬颜料	0.5	Cr	5~6gNa$_2$O$_2$	氧化铝坩埚
氧化铬颜料	5	Si	20mLH$_2$SO$_4$(1∶1)＋25mLHClO$_4$	使 Cr(Ⅲ)氧化
氧化铬颜料	5	Cu、Mn	40mLHClO$_4$	使 Cr(Ⅲ)氧化
水和废水	250	酚、有机化合物、CN、F	溶剂抽提或蒸馏	CN 要用酒石酸及乙酸锌液固定
水和废水	100~250	As、Sb、Tl	硝酸及硫酸(5∶2)	消解
废水	100	Hg	H$_2$SO$_4$ 酸化＋5g KMnO$_4$	85℃下回流
可可组织	5~25	Cu、Ag、Au、Be、Sr、Ca、Mg、Pb	HNO$_3$＋H$_2$SO$_4$(5∶2)	湿消解法或低温灰化法
生物材料(麦粉、头发、鱼肉等)	2~5	Cu、Ba、Ge、Pb、As、Se	HNO$_3$＋H$_2$SO$_4$(5∶2)	湿消解法
生物材料	2~10	Hg	HNO$_3$＋H$_2$SO$_4$＋KMnO$_4$(5%)溶液	60℃下保温
生物材料	1~5	Zn、Pb、Cr、Al、Be、V	用 Mg(NO$_3$)$_2$(5%)湿润(作灰化助剂)	干灰化法
土壤	1~10	有机氯、有机磷及其他农药残留量	三氯甲烷抽提	萃取法
煤,沥青	0.5~2	Hg、Ge、Sn	3~5mL HNO$_3$＋1mL H$_2$SO$_4$(1∶1)＋2mLH$_2$O$_2$	封闭加压法